高等院校环境艺术设计辅助教材

U0309194

Drawing
Teaching
Class  手绘教学课堂

室内手绘效果图快速表现技法

韦自力　黎泳　金磊　黄磊　著

天津大学出版社
TIANJIN UNIVERSITY PRESS

韦自力简介

广西壮族自治区柳州市人，广西艺术学院设计学院副教授，环境艺术设计专业硕士研究生导师，中国美术家协会广西分会会员，中国建筑学会室内设计分会21专委委员；设计作品二十多次在"全国美术作品展"、"中国室内设计大赛"、"中国手绘艺术设计大赛"和"中国美术教师艺术设计作品年度奖评比"等各级专业设计竞赛中获得奖誉，先后被授予"中国百佳室内建筑师"、"广西十佳室内建筑师"、"广西建筑装饰设计高级专家"、"广西建设工程项目管理中心专家库专家"、"辉煌15年·广西建筑装饰行业杰出设计师"等荣誉称号；出版和发表专著、教材及论文三十多篇（部）。

黎泳简介

广西壮族自治区南宁市人，中国建筑学会室内设计分会会员，广西艺术学院设计学院环境艺术设计方向硕士研究生，作品曾获"第八届CIID中国手绘艺术设计大赛"等级奖。

金磊简介

吉林省吉林市人，中国建筑学会室内设计分会会员，2008年创办SOLGER.S手绘设计工作室，广西艺术学院设计学院建筑绘画专业研究生，作品曾获"第八届CIID中国手绘艺术设计大赛"等级奖及优秀奖。

黄磊简介

黑龙江省双城市人，中国建筑学会室内设计分会会员，广西艺术学院设计学院环境艺术设计方向硕士研究生，作品曾获"第八届CIID中国手绘艺术设计大赛"优秀奖。

图书在版编目（CIP）数据

室内手绘效果图快速表现技法 / 韦自力等著. —天津：天津大学出版社，2012.5（2020.7重印）
（手绘教学课堂）
ISBN 978-7-5618-4351-2

Ⅰ.①室… Ⅱ.①韦… Ⅲ.①室内装饰设计-建筑构图-技法（美术） Ⅳ.①TU204

中国版本图书馆CIP数据核字（2012）第082727号

出版发行：天津大学出版社
出版人：杨欢
地址：天津市卫津路92号天津大学内
电话：发行部 022-27403647
　　　编辑部 022-27406416
邮编：300072
印刷：廊坊市海涛印刷有限公司

经销：全国各地新华书店
开本：210mm×285mm
印张：8
字数：82千字
版次：2012年5月第1版
印次：2020年7月第4次
定价：59.00元

序

在我国各高等艺术设计类院校中，手绘效果图表现技法的课程一直是作为建筑设计和环境艺术设计专业的主干课程而倍加重视，被视为培养建筑师和室内设计师的重要课程。作为设计表现语言之一的手绘效果图不仅是体现设计意图、表现设计细节的媒介和工具，同时也直接反映了设计师专业技能和综合素质水平的高低。因此不论是职业的技能型教育、还是专业的素质型教育，手绘效果图表现技法课程的建设都是学科建设的重点。

室内设计图纸种类可分为工程制图、设计效果图两部分，其中平面图、立面图、剖面图等工程制图是施工人员操作的依据，在项目实施过程中起核心作用。相比较而言，室内设计效果图则更为直观和容易理解。在方案设计阶段，表现手段除了模型之外，以设计效果图最为关键。目前就室内效果图的表现形式而言，可以分为手绘效果图和电脑效果图两种。作为高端技术衍生物的专业电脑软件，特点是制作效果真实、准确、效率高、便于修改，这些优点的确不是手绘效果图可以比拟的。但其缺憾是制作时间长、缺少生气、无法与设计思维同步，阻碍设计思维的连续性，制作过程中很难与客户进行有效地交流。而手绘效果图可以快速、生动地记录设计师创意思维的瞬间和片段，不会阻碍设计思维的发展，并随着思路的延续自然流露于纸面上，是最直接的信息传达方式。从这层意义上说，手绘效果图是电脑效果图无法完全替代的。

如果我们把零碎的信息片断用手绘的方式整合起来，将得到一份较为完整的手绘方案图。手绘方案图既可作为电脑操作时的草图，又可作为设计思路用于与客户进行交流沟通。优秀设计师甚至可以在与用户的交流中根据描述进行现场的快速绘制，短时间内就可以把自己的想法与用户的要求结合起来，既节约时间，又给用户以信心。这种工作方式无疑是令人向往的，也是设计师高素质的体现，因此室内手绘效果图快速表现技法是环境艺术设计专业学生和专业从业者必须重点训练的基本功。

同时我们还应该看到，在电脑普及率很高的今天，许多具备良好手绘效果图表现能力的设计师在运用电脑做室内效果图时，往往表现得更为得心应手，是不具备手绘效果图表现能力者所不可及的。从画面的选取到细节的处理，从色调的把握到整体的方方面面都能看到差距的存在。所以说"出色的设计需要出色的表现能力，出色的表现能力反映出色的综合素质"。从这个意义上来讲，手绘效果图的表现就不仅仅属于技术层面，也属于设计素养层面的范畴。

韦自力　2012年1月

目录

概述

一、室内手绘效果图的概念

　　室内手绘效果图是设计思维物化过程中的直观表现，它不仅体现了室内设计师对室内空间形态的理解，同时还体现了室内设计师的多元化情感、喜好、价值观念等综合因素。在一系列工作中，室内设计师用具有透视规律的图像表达自己的思想，把头脑中虚拟的空间用画笔再现于图纸之上，成为设计方案实施的一个关键环节。室内手绘效果图作为可视的形象语言，为设计师和用户之间架起一座沟通的桥梁，让设计师与用户进行信息的互动。一个优秀的室内手绘效果图方案可以给设计师带来极大的满足和愉悦，更可以给用户带来最直观的形象感受。参见图1～图3。

　　●图1：用简单、快捷的工具和材料直观地表达空间形象。

图1 敞开式办公空间设计

作者：韦自力

工具及材料：针管笔、马克笔、复印纸

图2 儿童房设计
作者：韦自力
工具及材料：针管笔、马克笔、彩色铅笔、复印纸

图3 酒吧空间设计
作者：韦自力
工具及材料：针管笔、马克笔、彩色铅笔、复印纸

●图2：在儿童卧室中融入了学习的功能区域，正是设计师与用户之间信息互动的结果。

●图3：酒吧空间的休闲氛围通过粗犷的木纹材质及张拉膜的材质刻画体现出来。

二、手绘效果图快速表现技法的概念

　　所谓快速表现，就是在短时间内，通过简便、实用的绘图工具和绘图技巧来表达最佳的预期效果。与传统的手绘效果图相比，"快速"的特点首先体现在绘图工具的选择上，选择钢笔或针管笔、马克笔、彩色铅笔、色粉笔等工具，替代水彩、水粉、喷笔等传统的绘图工具，这些工具使用方便、简单，如马克笔颜色众多，不需调和就能直接使用，其颜色易干，非常适合快速表现的需要；彩色铅笔的特点是色彩过渡细腻、柔和、易掌握，是马克笔工具的最好补充。这些工具的使用大大提高了效果图绘制的速度。其次"快速"不是绘制效果图时的动作频率加快，更不是粗制滥造，而是绘制方法的娴熟运用。目前比较常用的方法是透视线稿完成后，按照有效的绘图步骤，使用马克笔和彩色铅笔等简单工具进行主观表现，从而达到在较短时间内完成效果图的绘制目的。参见图4～图8。

●图4：餐厅家具在空间中的进一步延伸，表现了玻璃材质的特点。在某些情况下，线稿阶段也能直观地表现设计意图。

●图5：画面通过休闲家具、建筑外廊、海边的植物等典型元素，体现休闲空间的性质。

●图6：快速表现图同样要注意物体光感、质感、体积感的表现。

●图7：画面通过几个重色块来掌控空间节奏，快速而有效地表达设计目的。

●图8：用少量的色彩表现丰富的空间层次，本身就提高了绘图的速度和效率。

图4 餐饮空间设计
作者：黎泳
工具及材料：针管笔、复印纸

图5 酒店休闲空间设计
作者：金磊
工具及材料：钢笔、复印纸

图6 住宅家具及陈设设计
作者：韦自力
工具及材料：针管笔、马克笔、复印纸

图7 餐饮空间设计
作者：韦自力
工具及材料：针管笔、马克笔、彩色铅笔、复印纸

图8 家居空间设计
作者：韦自力、金磊
工具及材料：钢笔、马克笔、彩色铅笔、复印纸

图9 办公空间设计
作者：韦自力
工具及材料：针管笔、马克笔、复印纸

图10 餐饮空间设计
作者：韦自力
工具及材料：针管笔、马克笔、复印纸

图11 家居空间设计
作者：韦自力
工具及材料：针管笔、马克笔、彩色铅笔、复印纸

图12 家居空间设计
作者：金磊
工具及材料：钢笔、马克笔、彩色铅笔、复印纸

第一章 手绘效果图快速表现技法入门基础

一、手绘效果图快速表现的工具与材料

1. 铅笔

一般采用自动铅笔，用于起稿，便于修改。

2. 针管笔和钢笔

多用一次性针管笔，不同标号的系列针管笔使用非常方便，价格也不贵，用于方案草图阶段的推敲和线稿阶段的绘制，同一张设计图可以用一支或多支针管笔来完成。钢笔选择笔尖正反两个面绘图，可以表现粗细不同效果的线条。

3. 马克笔

马克笔色彩种类多，绘图方便，使用简单，是手绘效果图快速表现技法最常用的着色工具之一。马克笔有油性和水性之分，油性马克笔快干，色彩亮丽、颜色稳定；水性马克笔透明性好，颜色干后变浅。马克笔可用色彩叠加的办法增加画面层次，一般以2～3次叠加为宜。过多的叠加则色彩变灰，画面污浊。

4. 彩色铅笔

彩色铅笔用于色彩层次的过渡，正好弥补了马克笔色彩层次变化相对较少的缺憾。套装彩色铅笔有6色装、12色装、24色装、72色装等。水溶性彩色铅笔调入水后会起到淡彩的效果，可用水性和油性马克笔进行色彩的调整。

5. 色粉笔

色粉笔可用于地面、顶面、墙面的渲染，不宜大面积使用，稍作表示即可，参见图13。

6. 水粉颜料与涂改液

白色水粉颜料和涂改液主要用于表现物体的高光和结构的转折部分，也可以做画面局部修改和调整，要求颜料有很好的覆盖性能。水彩颜料则不具备这一特点。

7. 界尺

界尺在画面中需要强调用笔力度和绘制精准线条时使用，绘制出来的形体刚劲、挺拔、有张力。

8. 纸张与材料

室内手绘效果图快速表现常用的纸张主要有复印纸、彩色复印纸、硫酸纸等，当线稿完成后，要将其复印，以备着色之用。这是由于马克笔的工具

图9 工具

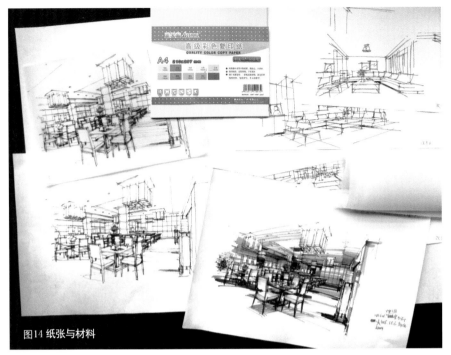

图14 纸张与材料

性能存在不易修改的缺点，因此将线稿复印备用是必要的。彩色复印纸主要是利用其固有色作为画面的中间色，然后对亮面和暗面稍作处理即可。透明的硫酸纸主要用于拷贝粗糙的草图和构思雏形，将其整理得更为清晰。拷贝好的线稿可复印后着色，也可以直接在硫酸纸上着色。参见图14。

二、手绘效果图快速表现技法入门基础

（一）透视的基本规律

透视图是将三维的空间形态转换为有立体感的二维空间画面的绘图方法，透视规律的运用是绘制室内效果图的基础。手绘效果图常用的透视规律包括平行透视、成角透视和平角透视三种。

1. 平行透视

（1）平行透视也称一点透视，是透视图中最为简单的一种，特点是画面表现范围广、纵深感强，绘制相对容易。参见图15～图17。

●图15：画面运用平行透视，恰到好处地表现了该空间的纵深感。

图15 商业空间设计
作者：黎泳
工具及材料：针管笔、复印纸

（3）成角透视也称两点透视，成角透视画面生动、自由灵活，利于表现空间的某些主要部分，运用成角透视规律绘制出来的透视图更接近视觉的直观感受。参见图18～图21。

● 图18：成角透视的作图规律。

● 图19：复杂场景的绘制，只要把握好透视规律，一切都能迎刃而解。

● 图20：用成角透视规律表现空间的一角更为得心应手。

● 图21：用成角透视绘图，画面生动、活泼。

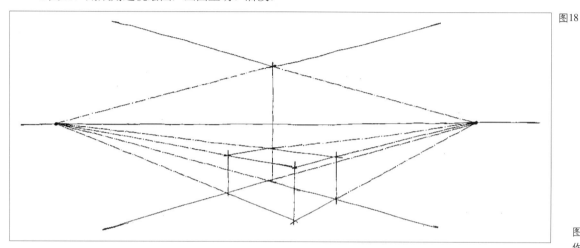

图18

图19 酒店休闲空间设计
作者：金磊
工具及材料：钢笔、复印纸

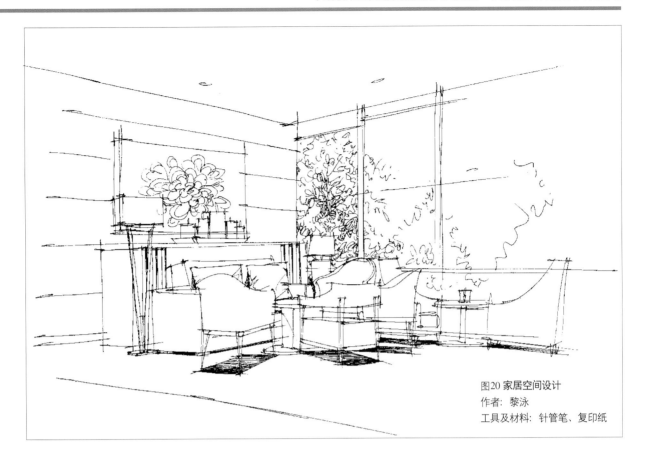

图20 家居空间设计
作者：黎泳
工具及材料：针管笔、复印纸

图21 餐饮空间设计
作者：黎泳
工具及材料：针管笔、复印纸

2. 成角透视

（1）成角透视也称两点透视，画面透视生动，自由而灵活，利于表现空间的某些主要部分。运用成角透视绘制出来的效果图更接近视觉的直观感受。参见图22～图25。

● 图22：成角透视的作图规律。

● 图23：复杂场景的绘制看似繁杂，但只要把握好透视规律，一切都能迎刃而解。

● 图24：用成角透视规律表现空间的一角更为得心应手。

● 图25：用成角透视绘图画面生动、活泼，富有变化。

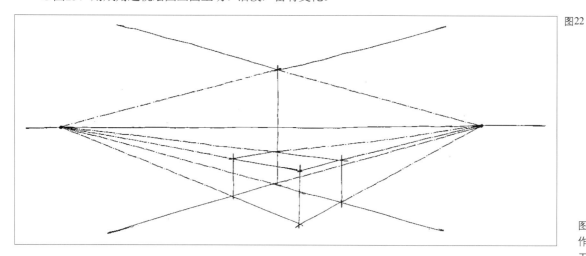

图22

图23 酒店休闲空间设计
作者：金磊
工具及材料：钢笔、复印纸

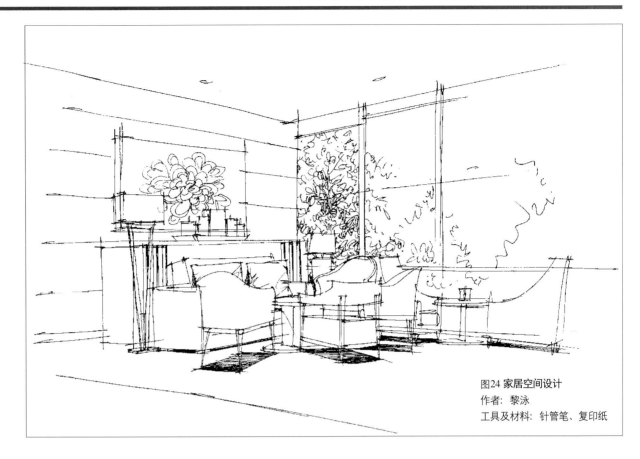

图24 家居空间设计
作者：黎泳
工具及材料：针管笔、复印纸

图25 餐饮空间设计
作者：黎泳
工具及材料：针管笔、复印纸

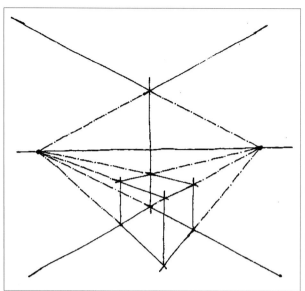

图26

图27

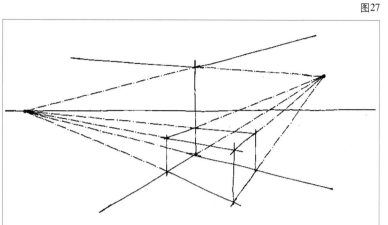

（2）成角透视的作图要点如下。

① 用成角透视绘制效果图时切忌两个消失点距离过近或不处于同一视平线上，这样会造成画面扭曲变形。参见图26、图27。

● 图26：两个消失点距离过近，画面变形。

● 图27：两个消失点不处于同一视平线上，画面扭曲。

② 在表现空间重点时的针对性强，视点集中。参见图28。

● 图28：运用餐厅中餐桌、餐柜等家具，有针对性地表现餐厅空间气氛。

图28 家居空间设计
作者：黎泳
工具及材料：针管笔、复印纸

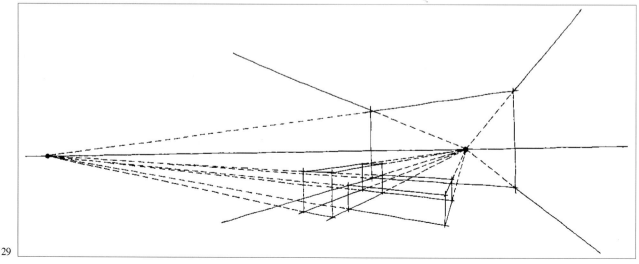

图29

图30 家居空间设计
作者：韦自力
工具及材料：针管笔、复印纸

图31 家居空间设计
作者：金磊
工具及材料：钢笔、复印纸

3. 平角透视

（1）平角透视实际上是两点透视的特殊情况。常规的两点透视作图法常把两个消失点置于画面的左右两侧，而平角透视作图法则是把一个消失点安排在画面以内，另一个消失点安排在很远的位置。这种类型的透视图画面表现范围广而不失灵活性，因而被广泛使用。参见图29～图32。

● 图29：平角透视表现范围广而不失灵活性。

● 图30：与成角透视相比较，用平角透视绘制的空间更显完整性。

● 图31：画面外的消失点位置合适，则绘制的形体不易变形。

● 图32：完全对称式布局的室内空间运用平角透视规律作图，避免了呆板现象的出现。

图32 餐饮空间设计
作者：黎泳
工具及材料：针管笔、复印纸

（2）平角透视的作图要点如下。

① 与成角透视一样，画面外的消失点距离过近会导致画面失真变形。参见图33。

② 两个消失点不处于同一视平线上，使画面扭曲。参见图34。

画面构图要根据室内设计的具体内容和空间形态特征来进行，同一个空间选择不同的透视规律可以表现出不同构图的画面。因此根据相应的侧重点选用相应的透视规律作图，是绘制室内手绘效果图的重点之一。

图33

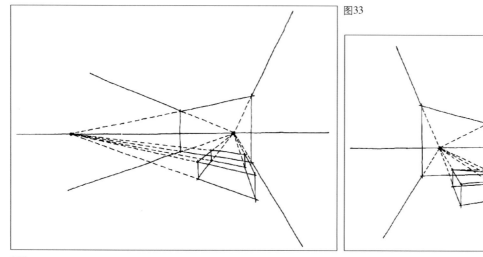

图34

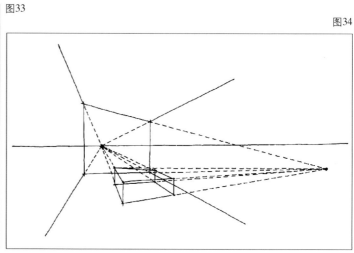

（二）基础练习

1. 速写练习

速写是造型艺术中不可缺少的一项基本功训练，是室内手绘效果图的种类之一。在方案的推敲过程中，速写是记录思维活动、体现构思创意、使抽象思维具象化的重要手段。速写不仅可以锻炼设计师的观察能力和造型表达能力，还可以培养和提高艺术审美的综合能力。

室内手绘效果图快速表现技法的特点是快速、简炼、概括、生动、个性鲜明，要练就判断准确、一气呵成的基本功，速写是最好的练习方法。速写训练的目的可以分为：以空间透视概念为目的的训练，主要对建筑的内、外部空间进行写生；以概括提炼为目的训练，主要对零散、繁琐的实景场地或照片进行写生；以素材的收集、信息的储蓄为目的的训练，主要对杂志、书刊上的照片进行临摹和整理。

速写的练习可以是单纯的线条造型，也可以是以线条为主，与明暗调子相结合的表现方式。

（1）单纯线条的速写训练要点有如下几条。

①线条要连贯，忌短小、零碎、浮躁。

②线条要活泼、有力度感，忌死板、无变化、纤弱。

③线条要富于变化、有节奏，要抑扬顿挫、虚实相间。

●利用单纯的线组织画面，在强调透视准确的基础上，线条要善于变化，如在一组以直线条为主的画面中，局部出现一些曲线、自由线、粗线等其他线型，都可以达到丰富画面效果的目的。参见图35～图42。

图37 公共空间设计
作者：黎泳
工具及材料：针管笔、复印纸

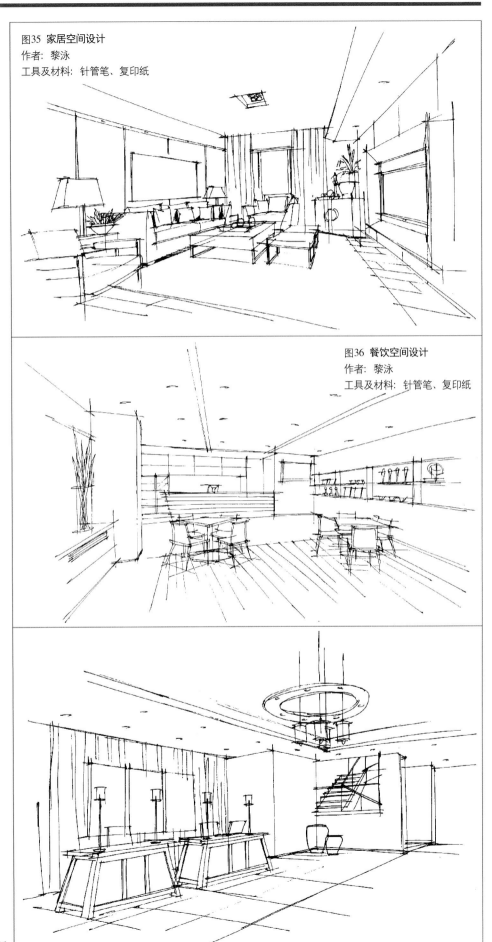

图35 家居空间设计
作者：黎泳
工具及材料：针管笔、复印纸

图36 餐饮空间设计
作者：黎泳
工具及材料：针管笔、复印纸

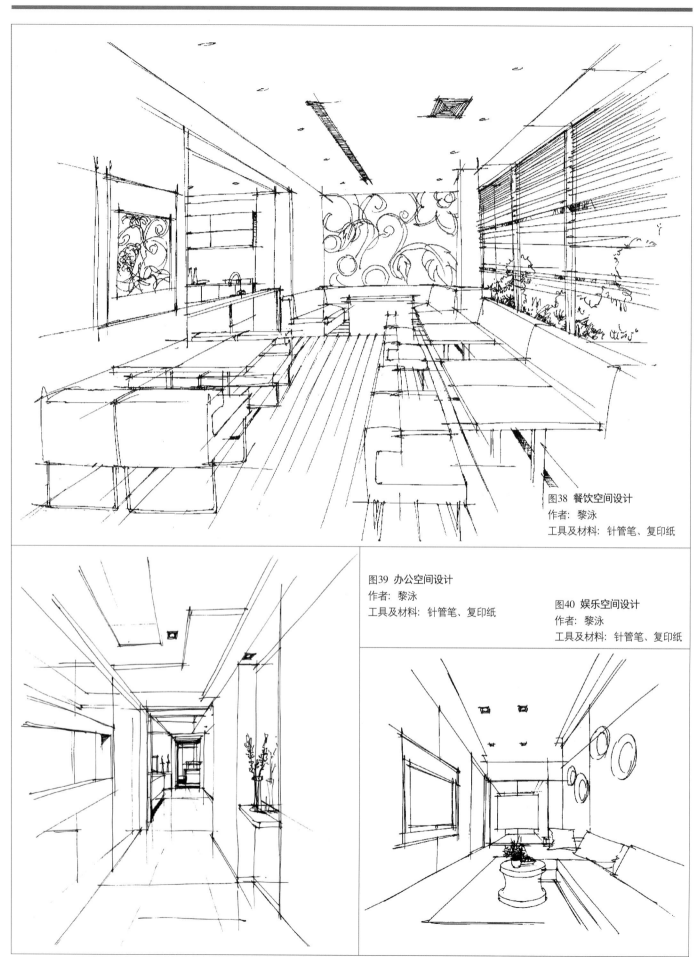

图38 餐饮空间设计
作者：黎泳
工具及材料：针管笔、复印纸

图39 办公空间设计
作者：黎泳
工具及材料：针管笔、复印纸

图40 娱乐空间设计
作者：黎泳
工具及材料：针管笔、复印纸

图41 酒店套房设计
作者：金磊
工具及材料：钢笔、复印纸

图42 餐饮空间设计
作者：金磊
工具及材料：钢笔、复印纸

（2）线条与明暗相结合的速写训练要点如下。

① 线条、明暗的结合要自然，忌线面分离。

② 可适当弱化光影关系，强化材料本身的组织规律，如木纹的表现。

③ 忌不加分析地抄袭明暗关系，可主观地强化重点。

④ 明暗关系要讲究呼应、均衡，忌毫无联系。

●绘制线面结合的速写画面最忌讳的是客观地再现对象，不假思索地照抄、照搬。应该意在笔先，处理好画面的黑、白、灰关系，如强化近处物体的暗面阴影，采用密集化排列的线条形成虚面效果等，可以进行主观上的强调。参见图43～图63。

图43 公共空间设计
作者：黎泳
工具及材料：针管笔、复印纸

图44 餐饮空间设计
作者：黎泳
工具及材料：针管笔、复印纸

图45 餐饮空间设计
作者：黎泳
工具及材料：针管笔、复印纸

图46 酒店套房设计
作者：黎泳
工具及材料：针管笔、复印纸

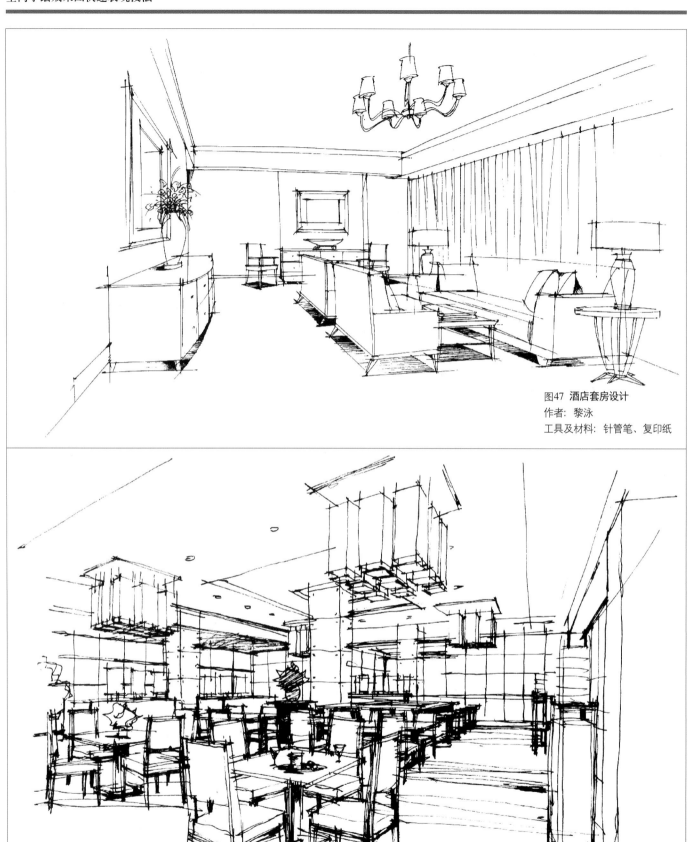

图47 酒店套房设计
作者: 黎泳
工具及材料: 针管笔、复印纸

图48 餐饮空间设计
作者: 韦自力
工具及材料: 针管笔、复印纸

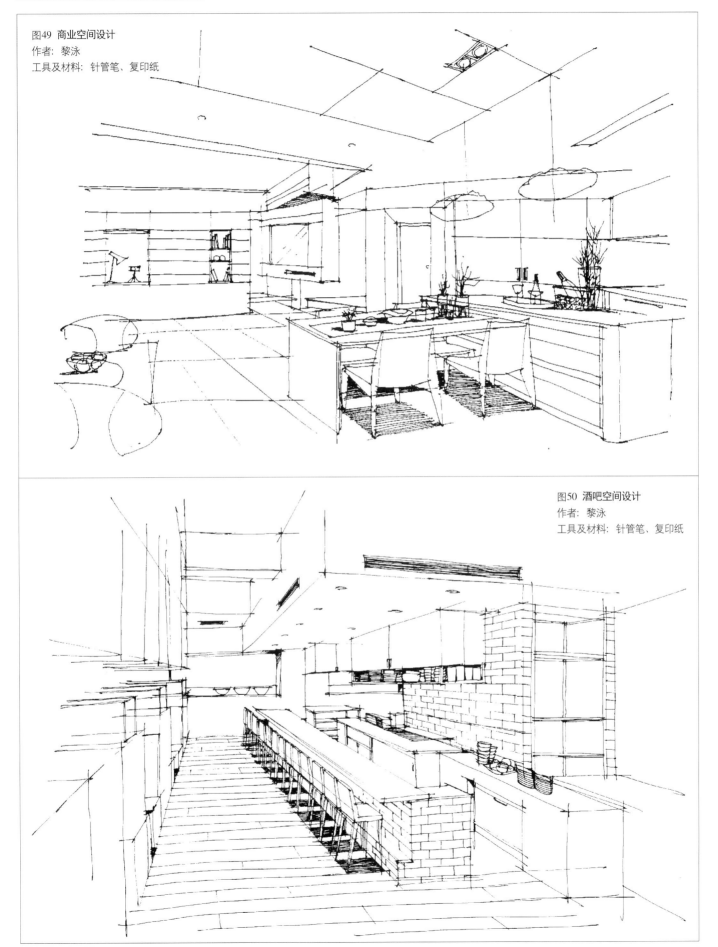

图49 商业空间设计
作者：黎泳
工具及材料：针管笔、复印纸

图50 酒吧空间设计
作者：黎泳
工具及材料：针管笔、复印纸

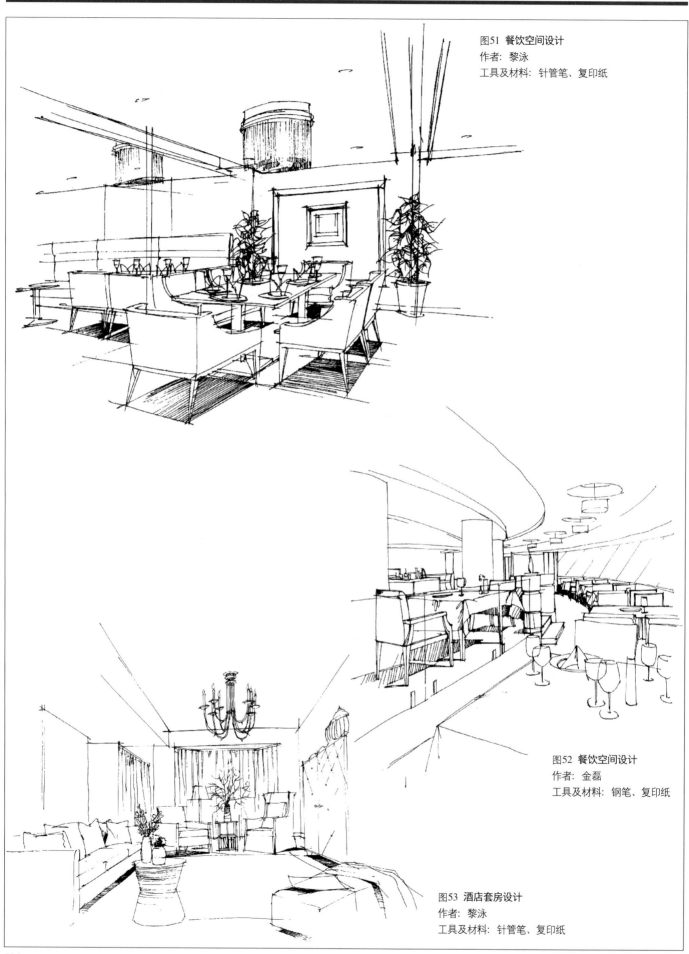

图51 餐饮空间设计
作者：黎泳
工具及材料：针管笔、复印纸

图52 餐饮空间设计
作者：金磊
工具及材料：钢笔、复印纸

图53 酒店套房设计
作者：黎泳
工具及材料：针管笔、复印纸

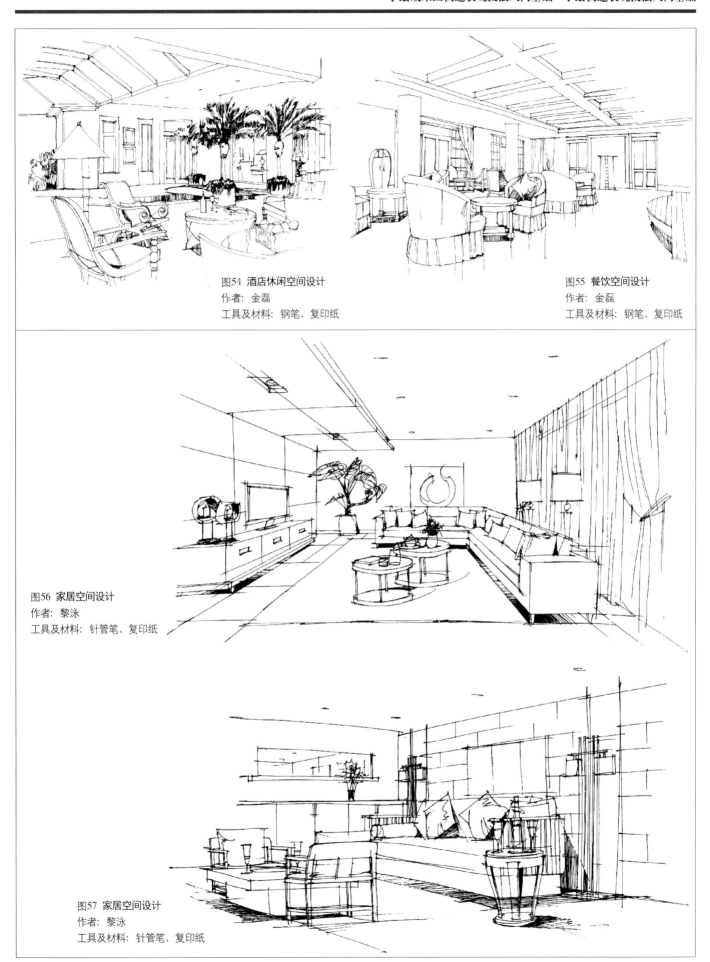

图54 酒店休闲空间设计
作者：金磊
工具及材料：钢笔、复印纸

图55 餐饮空间设计
作者：金磊
工具及材料：钢笔、复印纸

图56 家居空间设计
作者：黎泳
工具及材料：针管笔、复印纸

图57 家居空间设计
作者：黎泳
工具及材料：针管笔、复印纸

图58 家居空间设计
作者：金磊
工具及材料：钢笔、复印纸

图59 家居空间设计
作者：金磊
工具及材料：钢笔、复印纸

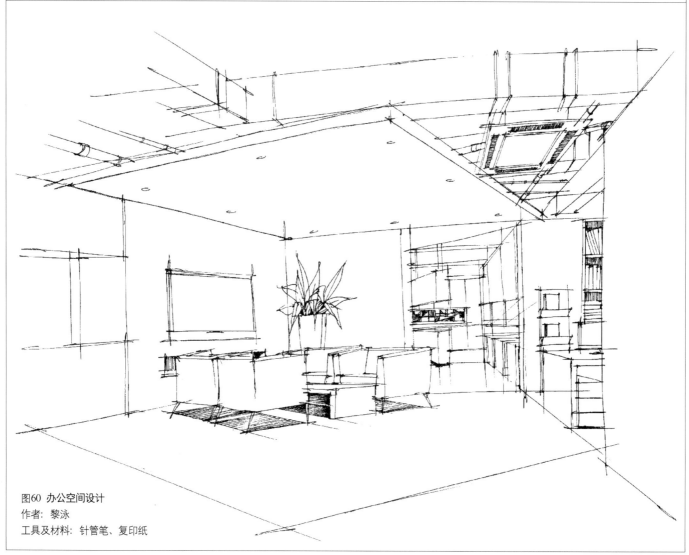

图60 办公空间设计
作者：黎泳
工具及材料：针管笔、复印纸

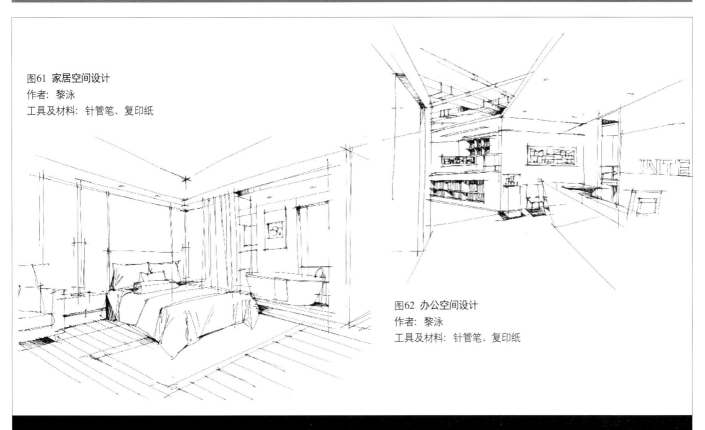

图61 家居空间设计
作者：黎泳
工具及材料：针管笔、复印纸

图62 办公空间设计
作者：黎泳
工具及材料：针管笔、复印纸

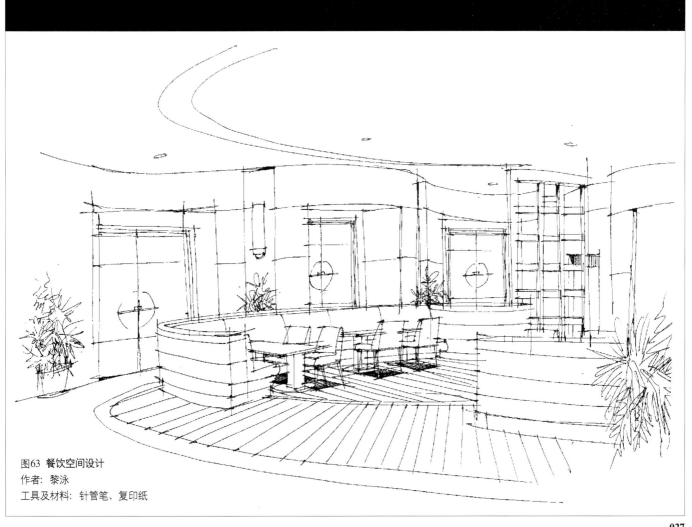

图63 餐饮空间设计
作者：黎泳
工具及材料：针管笔、复印纸

2. 家具与陈设练习

沙发、椅子、桌子、写字台、床、台灯、吊灯、艺术品等家具及陈设物品是室内空间构成的主要元素，也是画面的视觉中心和表现要点，表现技法的练习从这些简单的要素着手更容易取得事半功倍的效果。家具的练习应该从单体开始，掌握家具的结构关系和透视规律之后，才能进入家具的组合练习阶段。组合练习与单体练习的不同之处在于不仅要理解家具的结构和掌握透视规律，还要考虑家具与家具之间的组合关系及透视比例关系，绘制出来的组合家具要有整体感，要给人以组合配套的感觉。参见图64～图71。

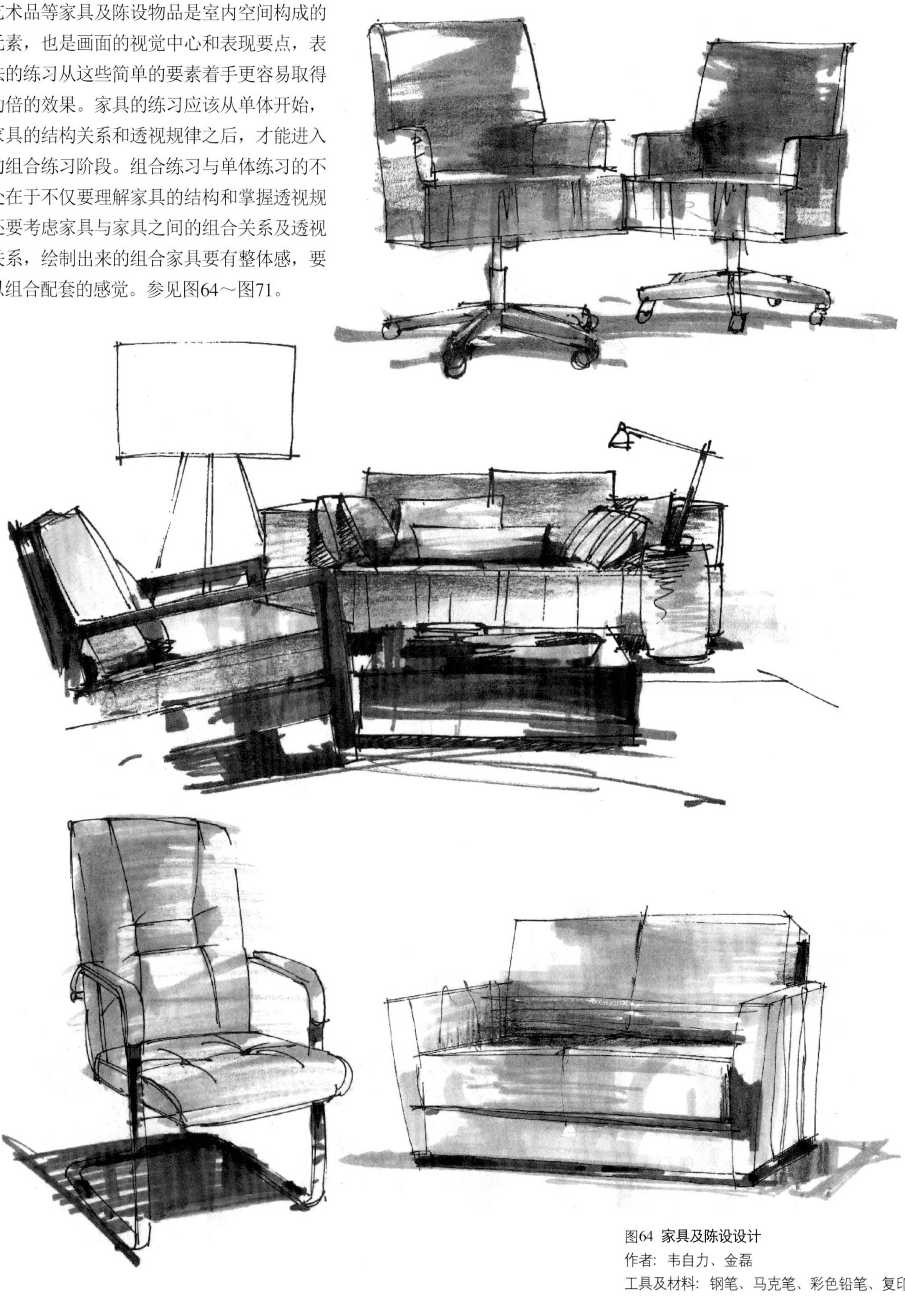

图64 家具及陈设设计
作者：韦自力、金磊
工具及材料：钢笔、马克笔、彩色铅笔、复印纸

●图64～图71：家具及陈设的表现练习是学习手绘效果图表现技法的重要内容之一。要快速表现就要学会概括、提炼，要在保持元素特征的基础上表现出形、光、色、质等具体属性，使其形象更具典型特征。无论是照片的临摹，还是仿制他人的效果图，初学者最容易犯看一眼画一笔的毛病，这种方法画出来的画面缺乏整体感，透视也不准确。学习者应该培养自己对形体和色彩的掌控能力，分析和理解家具及陈设物品的结构及色泽之后，将其形象整体地再现出来。这时候要将注意力放在处理画面的透视和着色运笔上，这样绘制出来的画面结构、空间比例才能更准确，色调更和谐。

图65 家具及陈设设计
作者：韦自力、金磊
工具及材料：钢笔、马克笔、彩色铅笔、复印纸

图66 家具及陈设设计
作者：韦自力、金磊
工具及材料：钢笔、马克笔、彩色铅笔、复印纸

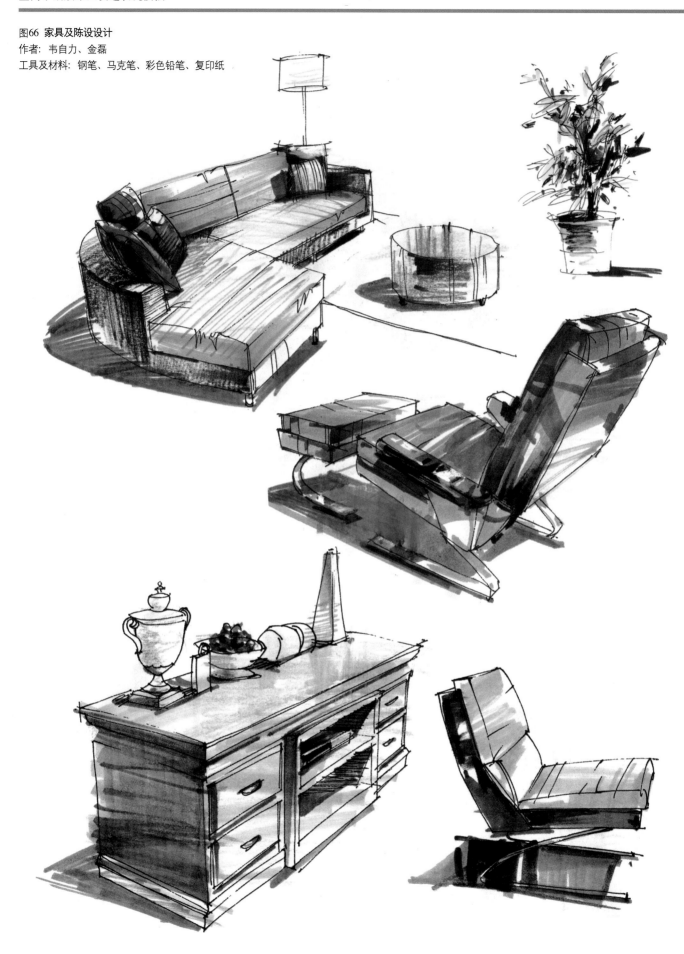

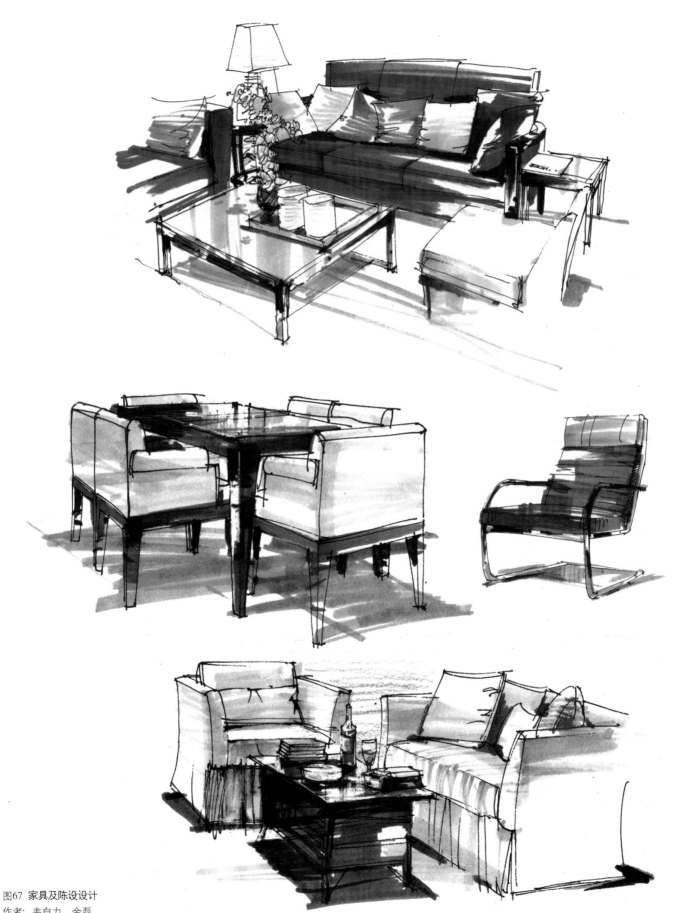

图67 家具及陈设设计
作者：韦自力、金磊
工具及材料：钢笔、马克笔、彩色铅笔、复印纸

图68 家具及陈设设计
作者：韦自力、金磊
工具及材料：钢笔、马克笔、彩色铅笔、复印纸

图69 家具及陈设设计
作者：韦自力、金磊
工具及材料：钢笔、马克笔、彩色铅笔、复印纸

图70 家具及陈设设计
作者：韦自力、金磊
工具及材料：钢笔、马克笔、彩色铅笔、复印纸

图71 家具及陈设设计
作者：韦自力、金磊
工具及材料：钢笔、马克笔、彩色铅笔、复印纸

3. 临摹练习

临摹练习分为照片、资料的临摹和优秀手绘效果图的临摹。照片、资料的临摹不仅可以收集资料，更重要的是对室内空间的形、光、色、质感、构图等因素进行深入的学习，培养画面的表现能力和整体协调能力。此外，临摹专业的室内手绘快速表现图的优秀范例，可以学习优秀的画面处理技巧，包括构图的处理技巧、形体的处理技巧、色调的处理技巧、质感的处理技巧等。优秀范例的临摹练习是建立在别人成功经验基础之上的练习，是一种拿来主义，也是提高室内手绘效果图快速表现能力的一个重要途径。参见图72~图75。

●对于照片和资料的临摹练习，要尽可能地避免照抄的现象。如在线稿阶段要把表现的空间区域推进到会客区，从而保证画面的完整性。在保持色调统一的基础上，有意识地调整左右两侧墙体的色泽，重点突出组合家具和正面墙体的光影效果，有效地形成画面的视觉中心。

图72 原照片

图73-2 局部

图73-1 酒店套房资料临摹
作者：韦自力、黎泳
工具及材料：针管笔、马克笔、彩色铅笔、复印纸

●处理夜间的室内效果，首先要将窗外的环境色彩明度降低，成为画面中的重色层次，其蓝灰色调正好衬托室内的暖色调气氛。其次，在室内空间的表现上，通过地面光影的轻重来强调空间的主从关系，左侧的植物是为了增加垂直方向的节奏感而补加进去的，是设计师的主观行为。

图74 原照片

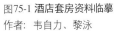

图75-1 酒店套房资料临摹
作者：韦自力、黎泳
工具及材料：针管笔、马克笔、彩色铅笔、复印纸

图75-2 局部

第二章 手绘效果图快速表现技法要点

一、形体的表现

　　物质形态不论是自然的有机形态还是人工的几何形态，都可以理解为组合在一起的几何要素，因此我们可以把复杂的形体理解成是由简单的几何形体所构成的。在入门阶段的基础练习中，应该从简单的几何形体开始，循序渐进，逐步过渡到复杂的群体组合关系中，便于初学者对空间形体的理解和把握。

　　●单体沙发和组合沙发可以分解为一组或多组组合在一起的几何形体。参见图76～图78。

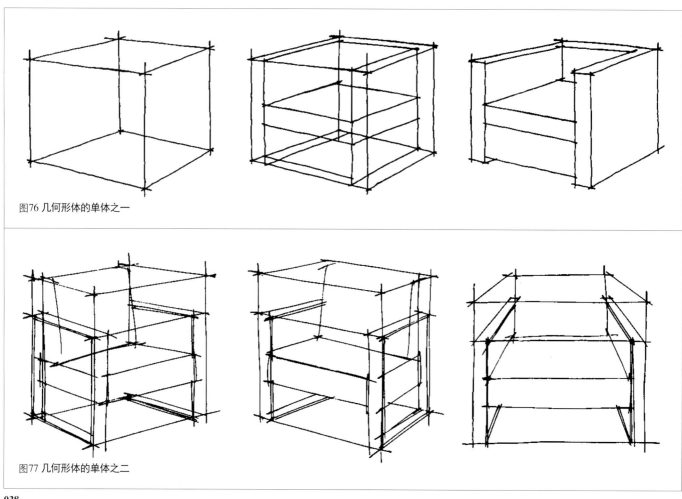

图76 几何形体的单体之一

图77 几何形体的单体之二

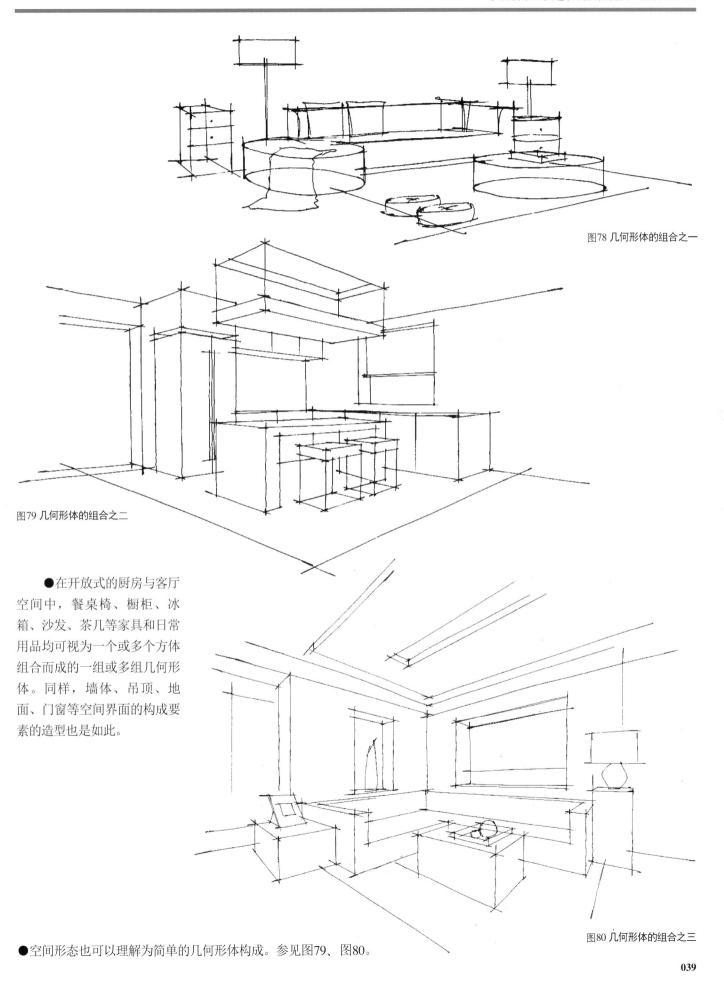

图78 几何形体的组合之一

图79 几何形体的组合之二

●在开放式的厨房与客厅空间中，餐桌椅、橱柜、冰箱、沙发、茶几等家具和日常用品均可视为一个或多个方体组合而成的一组或多组几何形体。同样，墙体、吊顶、地面、门窗等空间界面的构成要素的造型也是如此。

图80 几何形体的组合之三

●空间形态也可以理解为简单的几何形体构成。参见图79、图80。

二、光感的表现

在室内手绘效果图中，光感的表现是效果图出彩的因素之一，光感的处理效果来自光源。光源分为自然光源和人工光源，画面可以只有一个光源，也可以同时存在多个光源，在画面的光感处理上往往以一个光源为主，其他作为辅助光源用来活跃画面气氛。有光必有影，根据物体的投影可以判断光源的方向，因此设计师往往通过影子的绘制来表现光感效果，同时阴影的强调往往是设计师用以调整和控制画面的常用手段。同一承影面上的影子用同一色调表现，可以增加画面的统一感。参见图81～图87。

● 顶部开窗的建筑结构使内部空间充满了丰富的光斑效果。在处理这类由复杂形态和复杂光影组成的画面时，要着重处理好几个重点的层次，如地面近、中、远三处光影的节奏，拉开空间的距离。右侧的墙面则表现出"紧、松、紧"的节奏层次。"紧"的是窗帘，"松"的是玻璃幕墙。挂画缓解了左侧的紧张气氛，右下角的干枝与左侧植物相呼应，它的存在使效果图外缘轮廓更具张力。

图81-1 餐饮空间设计
作者：韦自力
工具及材料：针管笔、马克笔、彩色铅笔、复印纸

图81-2 餐饮空间设计局部

●如果室内光为两个光源，效果图绘制时要重点表现主光源，通过墙体和地面的阴影表现主光源的方向感，而另一侧的光源作为次要光源进行补充。

图82 会议室空间设计
作者：韦自力
工具及材料：针管笔、马克笔、复印纸

图83 小型接待空间设计
作者：韦自力、金磊
工具及材料：钢笔、马克笔、彩色铅笔、复印纸

图84 酒店套房设计
作者：韦自力、金磊
工具及材料：钢笔、马克笔、彩色铅笔、复印纸

图85 酒店套房设计
作者：韦自力
工具及材料：针管笔、马克笔、复印纸

● 画面呈现的是逆光效果，绘制要点是把靠近光源区域的色彩明度对比处理强烈些，远处的对比微弱些。

● 单一化的外部光源使效果图更具次序感。

图86 家居空间设计
作者：韦自力、金磊
工具及材料：钢笔、马克笔、彩色铅笔、复印纸

图87 家居空间设计
作者：黎泳
工具及材料：针管笔、马克笔、彩色铅笔、复印纸

图88 家居空间设计
作者：黎泳
工具及材料：针管笔、马克笔、彩色铅笔、复印纸

●光源由自然光源和人工光源组合而成，画面节奏的处理与光源的主次配置有很大关系。如主光源下的物体明度对比明显，形成强烈节奏，次要光源作补充，层次相对平缓些，节奏弱些。

●光斑可以把大面积虚空的墙面分割成一个个富于变化的光影层次。

图89 家居空间设计
作者：黎泳
工具及材料：针管笔、马克笔、彩色铅笔、复印纸

图90 酒店套房设计
作者：黎泳
工具及材料：针管笔、马克笔、彩色铅笔、复印纸

图91 酒店套房设计
作者：黎泳
工具及材料：针管笔、马克笔、彩色铅笔、复印纸

●画面中的光斑效果是活跃气氛的重要因素。

图92 餐饮空间设计
作者：黎泳
工具及材料：针管笔、马克笔、彩色铅笔、复印纸

图93 家居空间设计
作者：黎泳
工具及材料：针管笔、马克笔、彩色铅笔、复印纸

●绘制同一材质承影面的阴影应归纳在同一个色调里，不宜产生过多的变化。如白色的墙体、木制的造型结构和地毯等。

图94 餐饮空间设计
作者：黎泳
工具及材料：针管笔、马克笔、彩色铅笔、复印纸

● 吊灯槽内暖色调的人工光源活跃了画面气氛，使之明快生动，饶有趣味，并与窗外冷色调的自然光源形成对比，使画面产生了近实远虚的效果，强化了画面的近、中、远几个层次。

图95 办公空间设计
作者：黎泳
工具及材料：针管笔、马克笔、彩色铅笔、复印纸

三、色彩的表现

如果说准确的透视是空间的骨架，那么色彩的表现就是空间的血和肉。在室内手绘效果图中，物体的材质、色泽需要色彩来表现。色彩的属性可以表现空间环境的主题气氛，调整人的情绪。在生活中我们经常看到一些现象，如夕阳使自然界中的不同物体都渲染在一层橙红色的光晕之中；月光把大地笼罩在一片轻纱薄雾般的淡蓝色之中等等。这种在同一环境中使不同物体都带有同一色彩倾向的现象，我们称之为色调。画面中的色调是色彩的总体倾向，是画面整体的色彩效果。在室内手绘效果图快速表现技法中常用的色调有同类调、调和调和对比调三种。

1. 同类调

同类调就是用同一色相的色彩进行绘图。在绘制中主要是调整画面的明度，形成不同的明暗层次，把色彩的明度系数拉开，画面色调才会更为明快。参见图96、图97。

● 画面为蓝色系的调和色调，处理的关键在于拉开画面的明度层次。作者运用蓝灰色的马克笔和彩色铅笔交替进行绘制，表现桌面材质的高反光效果和椅子的材质以及暗部和投影的关系。画面明暗层次分明，色彩过渡自然，形象简洁、概括。

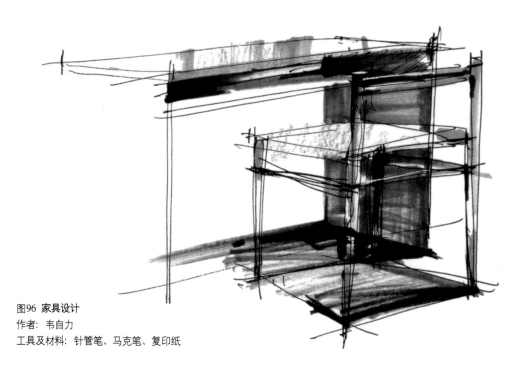

图96 家具设计
作者：韦自力
工具及材料：针管笔、马克笔、复印纸

图97 餐饮空间设计
作者：黎泳
工具及材料：针管笔、马克笔、彩色铅笔、复印纸

●在完整的室内空间中，我们很难只用同一色相的颜色进行绘制，往往在同类调的画面中进行少许的色彩变化。通过色彩的冷暖来丰富画面，而不仅仅局限于明度上的区分。

2. 调和调

调和调是色相环上邻近色的配合，如蓝色和紫色搭配、橙色和红色搭配等，都给人以和谐、平静的感觉。相对同类调而言，调和调的画面效果更为丰富。参见图98～图109。

图98 商业空间设计
作者：黄磊
工具及材料：针管笔、马克笔、复印纸

图99 家居空间设计
作者: 黄磊
工具及材料: 针管笔、马克笔、复印纸

●空间的吊顶和墙面的木作部分运用黄色与橙色进行表现，不仅以此构成了画面的主色调，而且也客观地反映出木材的色泽和纹理。沙发的色彩以红色和紫色混合搭配，使画面色调在统一中有变化，在变化中求统一。

●酒店套房空间使用红色和橙色的配比关系来表现家具的造型、质感和光感，而沙发和中心背景墙所用的黄色又与红色和橙色形成统一的暖色调，再加上部分绿色植物点缀画面，使画面色彩的配比和色调的把握恰到好处。

图100 酒店套房设计
作者：金磊
工具及材料：钢笔、马克笔、彩色铅笔、复印纸

图101 餐饮空间设计
作者：黄磊
工具及材料：针管笔、马克笔、复印纸

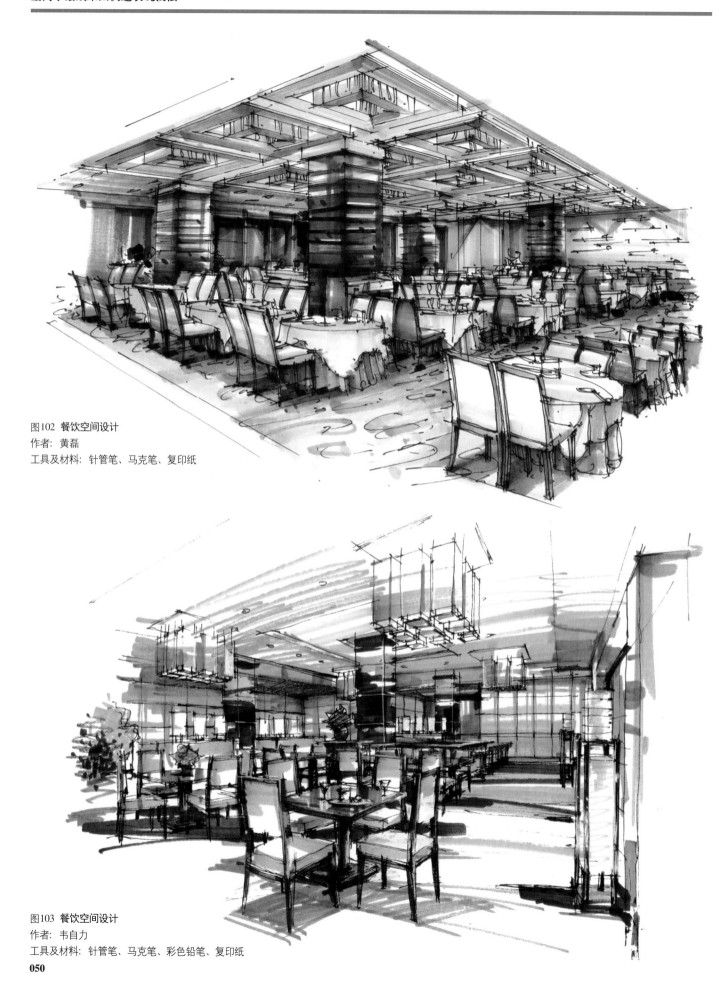

图102 **餐饮空间设计**
作者：黄磊
工具及材料：针管笔、马克笔、复印纸

图103 **餐饮空间设计**
作者：韦自力
工具及材料：针管笔、马克笔、彩色铅笔、复印纸

图104 家居空间设计
作者：金磊
工具及材料：钢笔、马克笔、彩色铅笔、复印纸

图105 家居空间设计
作者：金磊
工具及材料：钢笔、马克笔、彩色铅笔、复印纸

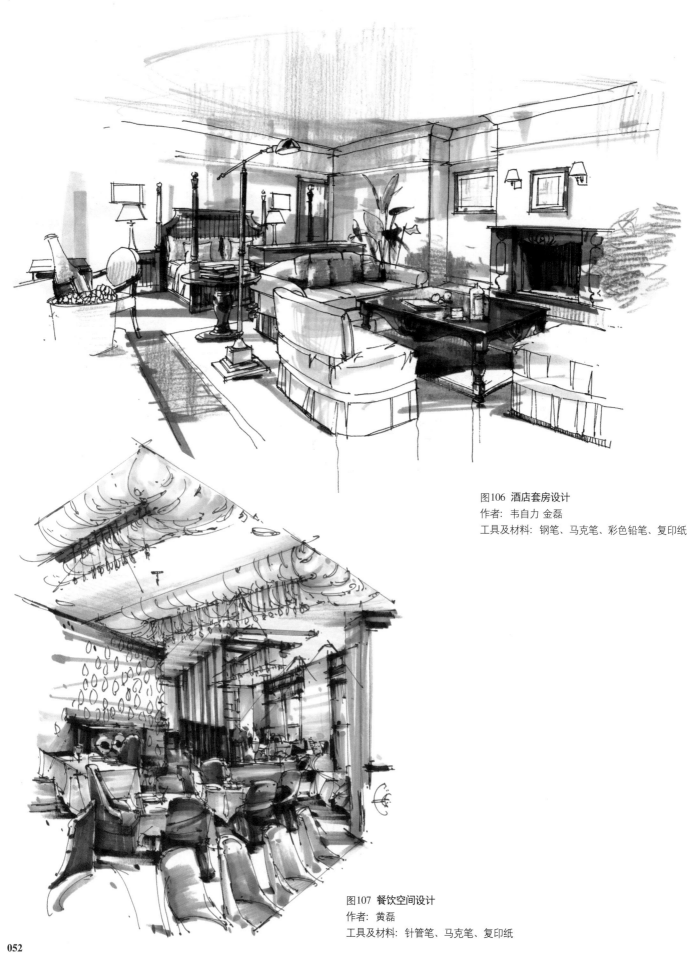

图106 **酒店套房设计**
作者：韦自力 金磊
工具及材料：钢笔、马克笔、彩色铅笔、复印纸

图107 **餐饮空间设计**
作者：黄磊
工具及材料：针管笔、马克笔、复印纸

●在调和调的画面中，色彩统一在一个和谐的色调里，在彼此协调的色彩中显现其活力。但需要注意的是，过于调和的画面色彩容易给人"沉闷"的感觉。在这种情况下可以考虑拉开色彩的明度层次，则画面更为明快，令人赏心悦目。

图108 餐饮空间设计
作者：黄磊
工具及材料：针管笔、马克笔、复印纸

图109 家居空间设计
作者：韦自力 金磊
工具及材料：钢笔、马克笔、彩色铅笔、复印纸

3. 对比调

　　补色和近似补色的配合可以给人们视觉上的强烈刺激，这其中的对比色调有蓝与橙对比、红与绿对比、黄与紫对比等。在室内手绘效果图的对比调处理中，可以运用物体受光面的留白或高光、暗面及阴影的深色等加以调和；也可以降低对比双方的色彩纯度，以达到调和画面色彩的目的，还可以在灰色调的背景中点缀高纯度色彩的家具来提升画面的活力。这些处理方法都可以使画面在保持色彩纯度的基础上处于稳定状态，而不致于杂乱无章。参见图110～图134。

图110 家居空间设计
作者：韦自力
工具及材料：针管笔、马克笔、复印纸

图111 家居空间设计
作者：韦自力
工具及材料：针管笔、马克笔、
　　　　　　彩色铅笔、复印纸

图112 办公空间设计
作者：韦自力
工具及材料：针管笔、马克笔、彩色铅笔、复印纸

图113 家居空间设计
作者：韦自力
工具及材料：针管笔、马克笔、彩色铅笔、复印纸

图114 酒店休闲空间设计
作者：金磊
工具及材料：钢笔、马克笔、彩色铅笔、复印纸

●冷暖对比强烈的色彩在大面积的留白、中间层次及暗面、阴影等深色层次的缓冲下，可以处于很安稳的状态。

图115 酒店套房设计
作者：金磊
工具及材料：钢笔、马克笔、彩色铅笔、复印纸

图116 家居空间设计
作者：韦自力
工具及材料：针管笔、马克笔、彩色铅笔、复印纸

图117 餐饮空间设计
作者：金磊
工具及材料：钢笔、马克笔、彩色铅笔、复印纸

图118 酒店套房设计
作者：韦自力
工具及材料：针管笔、马克笔、复印纸

图119 家居空间设计
作者：黎泳
工具及材料：针管笔、马克笔、复印纸

图120 餐饮空间设计
作者：黎泳
工具及材料：针管笔、马克笔、彩色铅笔、复印纸

图121 家居空间设计
作者：黎泳
工具及材料：针管笔、马克笔、彩色铅笔、复印纸

图122 家居空间设计
作者：黎泳
工具及材料：针管笔、马克笔、彩色铅笔、复印纸

●大面积的蓝色玻璃门窗与土红色的墙面、米黄色的家具及地面材质构成了对比色调的画面效果，但由于色相对比的双方都进行了纯度上的降调处理，因此画面依然呈现出安稳、和谐的对比关系。

图123 家居空间设计
作者：黄磊
工具及材料：针管笔、马克笔、复印纸

图124 家居空间设计
作者： 金磊
工具及材料：钢笔、马克笔、彩色铅笔、复印纸

●画面中纯度较高的紫红色与绿色、橙黄色与蓝色形成强烈的色相对比。处理这类对比色调的画面，可以主观地把冷暖对比双方在面积上、数量上的差距拉开，并且在画面中融入大面积的白色和灰色进行色调的综合，在保持色彩鲜明的基础上，取得画面的和谐。

图125 家居空间设计

作者：黎泳

工具及材料：针管笔、马克笔、复印纸

●画面在着色阶段做了大面积的留白处理，仅仅对家具及陈设物品进行绘制，冷暖色调的对比关系在大面积的白色和深灰色作用下处于安稳状态，画面处理简洁明了、气韵生动，令人回味。

图126 家居空间设计

作者：金磊

工具及材料：钢笔、马克笔、

彩色铅笔、复印纸

图127 酒店套房设计
作者: 韦自力
工具及材料: 针管笔、马克笔、彩色铅笔、复印纸

图128 家居空间设计
作者: 黄磊
工具及材料: 针管笔、马克笔、复印纸

● 在低纯度的对比调
中，还可以点缀少许纯度较
高的色彩，增加画面色彩的
活力。由于面积大小过于悬
殊，画面还是会呈现出安稳
统一的色调。

图129 家居空间设计
作者：黎泳
工具及材料：针管笔、马克笔、彩色铅笔、复印纸

图130 餐饮空间设计
作者：黄磊
工具及材料：针管笔、马克笔、复印纸

图131 酒店大堂设计
作者: 黄磊
工具及材料: 针管笔、马克笔、复印纸

图132 餐饮空间设计
作者: 黎泳
工具及材料: 针管笔、马克笔、
彩色铅笔、复印纸

● 有意识地降低色彩纯度，是处理对比调的常用手法之一。画面
色调在和谐中有对比，在对比中显统一。

图133 办公空间设计
作者：韦自力
工具及材料：针管笔、马克笔、复印纸

图134 餐饮空间设计
作者：黎泳
工具及材料：针管笔、马克笔、彩色铅笔、复印纸

四、质感的表现

每一种材料都有其自身独特的属性，如玻璃的透明、反光；石材的沉重、坚硬；布料的柔软、飘逸；木材的天然、有机等等。室内效果图要反映真实性的特点，就必须按照物体本身的属性来绘制，塑造出各种不同材料的质感，使室内手绘效果图的表达更深入，艺术感染力更强。

1. 木材的表现

木材的纹理自然，种类繁多，加工简单，在室内装饰中是应用最广泛的一种材料。木材纹理的表现可以在线稿阶段刻画，然后着色调整，也可以用马克笔和彩色铅笔直接绘制，在绘制时应根据不同种类的木材特点选择相应的手法进行表现。参见图135～图138。

●在勾画好桌椅的形体轮廓之后，以轻松、流畅的线条绘制出木材纹理的走向及疏密关系，然后用马克笔加以强化和渲染，表现出木材本身的质感特点。

图135 酒店休闲空间设计

作者：韦自力

工具及材料：针管笔、马克笔、彩色铅笔、复印纸

●在线稿阶段根据画面的疏密关系，适当绘制一些木纹。然后在着色阶段只需要区别好形体的受光面、侧光面和背光面的色彩层次即可。用这种方式来表达木材的质感轻松简便，艺术感染力强。

图136 餐饮空间设计
作者：黎泳
工具及材料：针管笔、马克笔、彩色铅笔、复印纸

图137 餐饮空间设计
作者：韦自力
工具及材料：针管笔、马克笔、复印纸

图138 酒吧空间设计
作者：韦自力
工具及材料：针管笔、马克笔、彩色铅笔、复印纸

●艺术性很高的手绘效果图对技法要求也较高。设计师要在绘制过程中不断思考，不断尝试，摸索出一些特殊肌理的表现方法，如木制吧台的纹理是用几乎没有颜料的马克笔摩擦得到的，正常的马克笔是表现不出来这种效果的。

2. 玻璃的表现

玻璃是透明材料，透过它可以看见后面的景象，其反光区域还可以反射周边环境的形、光、色等因素，在室内效果图的表现中有一定的难度。但如果表现得当，会为图面效果增色不少。参见图139～图142。

●有色玻璃的层次明显要比一般环境层次深些，并富有自身的色彩特点。

图139 办公空间设计
作者：黎泳
工具及材料：针管笔、马克笔、彩色铅笔、复印纸

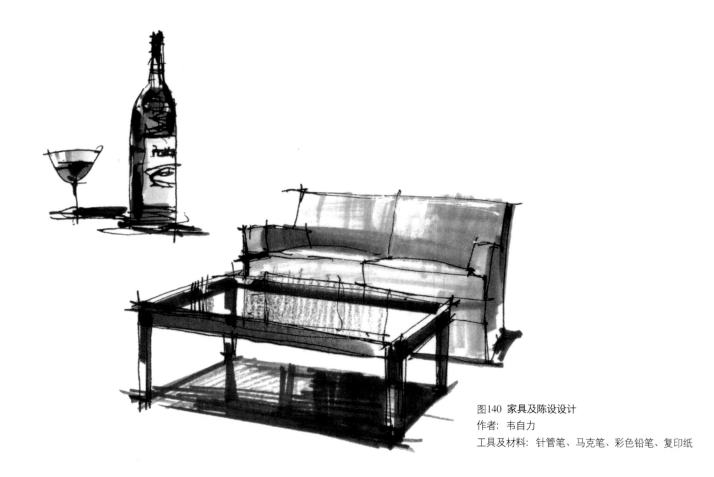

图140 家具及陈设设计
作者：韦自力
工具及材料：针管笔、马克笔、彩色铅笔、复印纸

图141 办公空间设计
作者：韦自力
工具及材料：针管笔、马克笔、复印纸

图142 家居空间设计
作者：黎泳
工具及材料：针管笔、马克笔、彩色铅笔、复印纸

图143 家居空间设计
作者：黎泳
工具及材料：针管笔、马克笔、彩色铅笔、复印纸

●在正常情况下，玻璃的表现与周边环境一同绘制，只是在高光和反光部分要明显表现出其自身的材质属性。

3. 镜面的表现

镜面同属于玻璃类材料，但不透光且反光强烈，对周边环境的反应十分敏感。在室内效果图的表现时，可以利用其材料的特点来反映周边光影，进行环境空间的塑造。参见图143、图144。

●深色的蓝镜反映出对面墙体的空间结构，由于自身固有色的原因，因此绘制时要把色调控制在蓝灰色调的范围内。

●镜面的表现主要依赖于环境，直接把周边环境的形、光、色等因素表现出来即可。

图144 卫生间设计
作者：韦自力
工具及材料：针管笔、
马克笔、
复印纸

4. 金属的表现

不同金属的反光度略有不同，高反光金属仅在入射光与反射光之间的区域显示固有的色泽，其余部分与镜面材质一样都反射环境光影，在绘制效果图时可有意识扩大固有色范围以表现形体。亚光金属对环境光影的反应要迟钝些，色泽的明度对比较高反光金属要平缓得多。参见图145～图147。

●高反光不锈钢的酒吧椅反射环境光影。

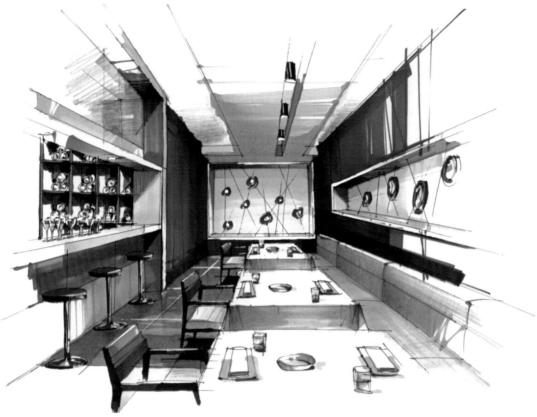

图145 餐饮空间设计
作者：黎泳
工具及材料：针管笔、马克笔、
　　　　　　　彩色铅笔、复印纸

图146 家居空间设计
作者：黎泳
工具及材料：针管笔、马克笔、
　　　　　　　彩色铅笔、复印纸

图147 酒店休闲空间设计

作者：韦自力

工具及材料：针管笔、马克笔、彩色铅笔、复印纸

● 相对高反光金属而言，亚光金属及乌铁对环境光影的敏感度要低得多，只要表现出其正常的明度层次就可以了。

5. 抛光石材的表现

石材在现代室内装饰中应用很多，特别是一些大型公共空间的墙面与地面。石材表面光洁度不同，抛光石材质地坚韧，带有自然的纹理，表面光滑，可以反映周边光影。参见图148、图149。

图148 家居空间设计

作者：黎泳

工具及材料：针管笔、马克笔、彩色铅笔、复印纸

图149 商业空间设计
作者：黎泳
工具及材料：针管笔、马克笔、彩色铅笔、复印纸

●地面的抛光石材除了自身的纹理之外，还因表面光滑而具有反射周围环境形、光、色等属性，反射程度与光滑程度成正比关系。

6. 砖墙的表现

在表现砖墙底色时不可涂抹得太平均，要有意保留部分光影笔触（凹凸点），再勾勒砖块的亮线和暗线，以强调体块效果。参见图150。

●在底色上用小碎点表现砖块材质，是手绘效果图快速表现中常用的手法。

图150 家居空间设计
作者：韦自力、黎泳
工具及材料：针管笔、马克笔、
　　　　　彩色铅笔、复印纸

7. 皮革的表现

皮革材料质地密致、有光泽，其光亮程度介于抛光石材与布艺之间。表现时可根据造型结构的松紧程度用笔，恰当表现出其质感。参见图151、图152。

●皮革较布料而言对光的反应要敏感些，因此在绘制时可以有意识地强调其反光效果。

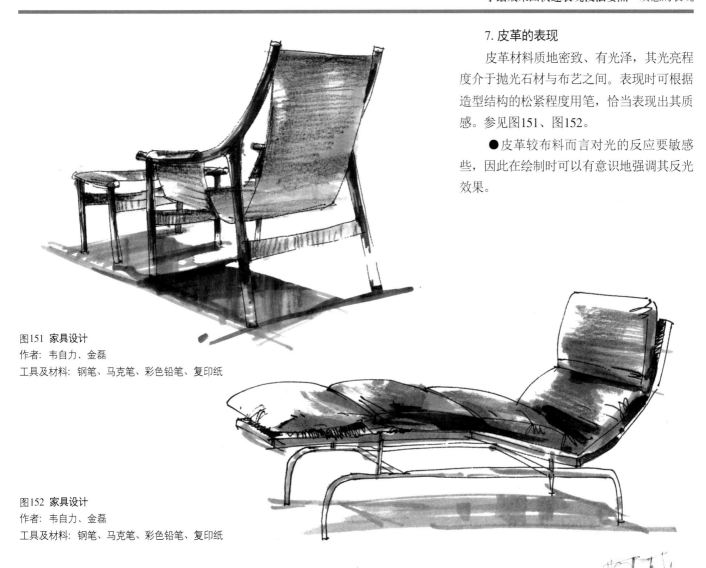

图151 家具设计
作者：韦自力、金磊
工具及材料：钢笔、马克笔、彩色铅笔、复印纸

图152 家具设计
作者：韦自力、金磊
工具及材料：钢笔、马克笔、彩色铅笔、复印纸

8. 布料的表现

布料在室内装饰中应用非常广泛，多用于沙发、被子、窗帘等。绘制时主要表现其固有色，可绘制花纹或条纹点缀，图案不必完整，色彩应随转折变化而形成明暗。参见图153～图157。

图153 家居空间设计
作者：黎泳
工具及材料：针管笔、马克笔、彩色铅笔、复印纸

图154 家居空间设计
作者： 黎泳
工具及材料：针管笔、马克笔、彩色铅笔、复印纸

●在绘制布料的转折时，可适当
地减弱其明暗对比的强度，让其层次
更丰富些。同时，在布料上绘制花纹
也是表现其质感的一种有效方法。

图155 家居空间设计
作者： 黎泳
工具及材料：针管笔、马克笔、复印纸

图156 酒店套房设计
作者： 黎泳
工具及材料：针管笔、马克笔、
彩色铅笔、复印纸

图157 家居空间设计
作者：黄磊
工具及材料：针管笔、马克笔、复印纸

五、空间感的表现

　　空气不是完全透明的，空气中的水汽和悬浮尘粒的存在，造成了空间距离的不同，清晰度就会不一样。一般情况下，近处的物体清晰、明度对比强烈；远处的物体模糊、明度对比微弱。接近光源的物体清晰、明度对比强烈；远离光源的物体模糊、明度对比微弱。根据这些视觉原理来处理画面空间有很好的效果。有经验的设计师在处理画面时，经常把空间的重点绘制清晰些、对比强烈些，把背景和次要部分绘制模糊些、淡弱些。这是一种主观的强调，在表现节奏的同时强调画面中的空间感。参见图158～图175。

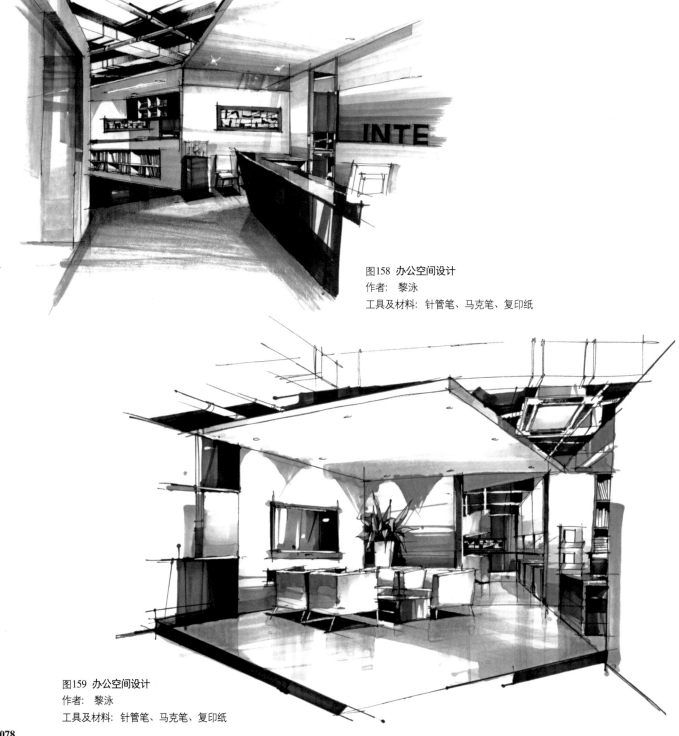

图158 办公空间设计
作者：黎泳
工具及材料：针管笔、马克笔、复印纸

图159 办公空间设计
作者：黎泳
工具及材料：针管笔、马克笔、复印纸

图160 餐饮空间设计
作者： 黎泳
工具及材料：针管笔、马克笔、复印纸

图161 家居空间设计
作者： 黎泳
工具及材料：针管笔、马克笔、彩色铅笔、复印纸

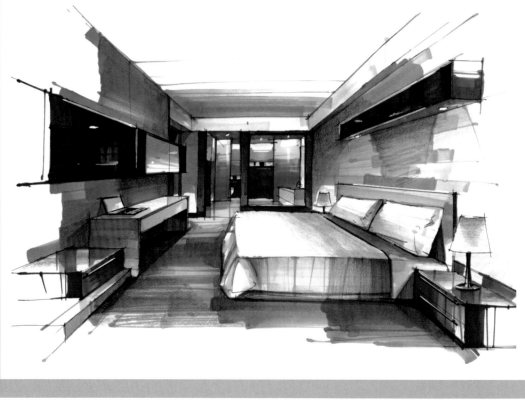

图162 酒店标准房设计
作者： 黎泳
工具及材料：针管笔、马克笔、
　　　　　　彩色铅笔、复印纸

图163 酒店套房设计
作者： 韦自力 金磊
工具及材料：钢笔、马克笔、彩色铅笔、复印纸

图164 商业空间设计
作者：韦自力
工具及材料：针管笔、马克笔、彩色铅笔、复印纸

●不论是把近处的物体表现清晰些，还是把远近物体的明度对比表现强烈些，都是处理空间节奏的办法，只要主次关系安排得当，都可以强化空间的进深感。

图165 餐饮空间设计
作者：金磊
工具及材料：钢笔、马克笔、彩色铅笔、复印纸

图166 餐饮空间设计
作者：金磊
工具及材料：钢笔 马克笔 彩色铅笔 复印纸

图167 酒店休闲空间设计
作者：金磊
工具及材料：钢笔 马克笔 彩色铅笔 复印纸

图168 家居空间设计
作者：韦自力
工具及材料：针管笔 马克笔 彩色铅笔 复印纸

图169 公共空间设计
作者：韦自力
工具及材料：针管笔、马克笔、
　　　　　　彩色铅笔、复印纸

图170 餐饮空间设计
作者：金磊
工具及材料：钢笔　马克笔　彩色铅笔　复印纸

图171 酒店套房设计
作者：金磊
工具及材料：钢笔、马克笔、彩色铅笔、复印纸

● 把要表现的重点画得清晰些，少画或不画次要部分，同样可以在画面中产生空间感。

图172 公共空间设计
作者：金磊
工具及材料：钢笔、马克笔、彩色铅笔、复印纸

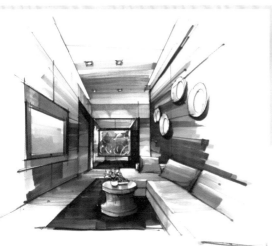

图173 家居空间设计

作者：韦自力

工具及材料：针管笔、马克笔、彩色铅笔、复印纸

●在室内地面、墙面和顶面的三大界面中，可以利用少量的光影层次表示空间的距离，有时寥寥几笔，就能表现出画面空间的进深感。

图174 娱乐空间设计

作者：黎泳

工具及材料：针管笔、马克笔、彩色铅笔、
复印纸

图175 家居空间设计

作者：黎泳

工具及材料：针管笔、马克笔、彩色铅笔、
复印纸

第三章 手绘效果图制作程序及着色步骤

一、手绘效果图的制作程序

1. 准备阶段

在设计方案的平面图、立面图和顶面图完成之后，接下来就是手绘效果图的草图阶段，在这之前的准备工作有画笔、颜料、纸张的选择及平面图、立面图和顶面图的资料收集等。画笔、颜料和纸张的选择应根据设计方案所要表现的意图和效果进行考虑，以便突出设计的目的性。设计方案的平面图、立面图、顶面图等资料应完善齐全，把握好具体的比例尺度和设计的创意，在脑海中形成意向，做到心中有数，尽可能避免因盲目绘制而造成后续阶段的不必要修改。参见图176～图179。

图176 工具与材料

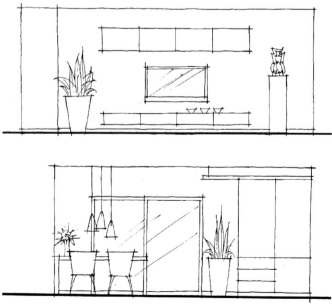

图177 空间主要立面图

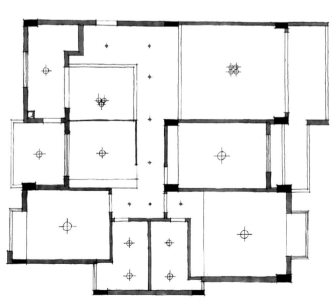

图178 空间顶面图

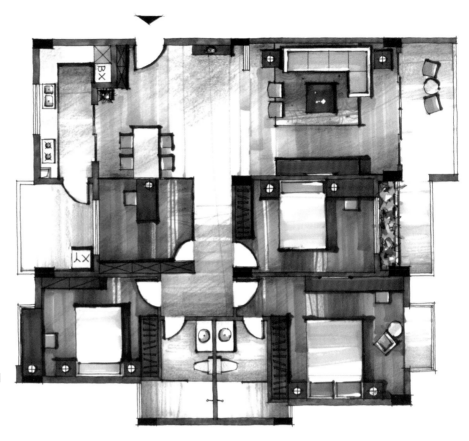

图179 空间总平面图

2. 草图阶段

根据平面图、立面图和顶面图的方案设计进行三维透视图的推敲，绘制者首先要进行效果图角度的选择，确定主要表现的范围和消失点的位置，然后用线稿的形式将空间的透视构架和界面关系表现出来，也将家具、陈设物品的位置、形状及比例表现出来。草图阶段的主要任务是用透视图的直观感受，对设计初级方案作进一步修改和调整。草图阶段的线稿可能相对零散些，是正稿前的过渡阶段。参见图180-1～图180-3。

●通过不同的视角尝试空间的透视效果。

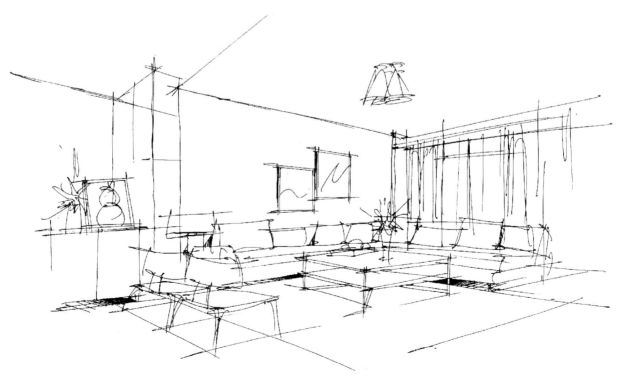

图180-1 透视效果草图之一

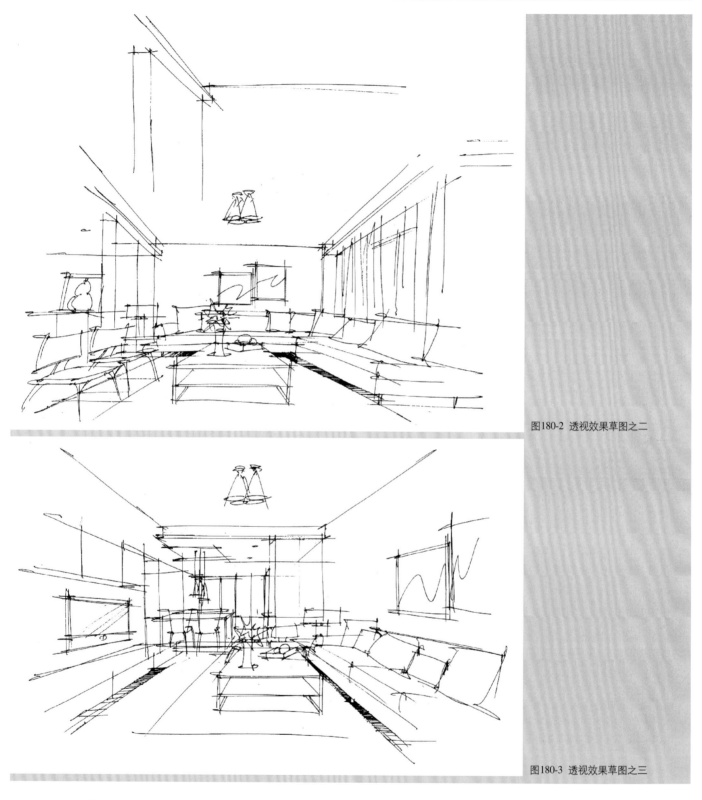

图180-2 透视效果草图之二

图180-3 透视效果草图之三

3. 正稿阶段

草图完成后，另取一张纸，按照草图的基本构架重新绘制一遍，这一次可以对一些主要表现对象进行深入的描绘，也可以作局部的明暗处理，完成正稿的绘制。另外，也可以用透明硫酸纸覆盖在草图之上重新描绘和整理。由于这一做法是建立在已有的透视构架之上，因此可以把注意力重点放在形体细节的处理方面。线稿的描绘完成之后，把硫酸纸上的线稿复印出来即可。参见图181、图182。

●从众多的草图小稿中选择一个适合表现该空间的草图，将其绘制成正稿。

图181 用透明硫酸纸覆盖在草图之上

图182 将硫酸纸上的线稿复印出来

4. 着色及调整阶段

正式线稿完成之后，可以用复印的办法进行备份，以便着色处理不当时重新使用，而不必再次进行线稿的描绘。着色阶段分两个部分的工作：一个是色调草图尝试，可以用复印的线稿作色调的配比尝试，作多个色调草图的比较，然后选择其中一个比较满意的草图作为正稿着色的参考；另一个需要解决的问题是正稿着色时的形体塑造。有了色调草图的辅垫，正式着色时可以把主要的精力放在空间形体的表现上，尽可能用少量的笔墨表现更多的内容。

室内手绘效果图基本完成之后，可以根据画面的整体需要，对局部稍作修整，如用白色水粉颜料或涂改液强调物体的高光，用深色马克笔或彩色铅笔绘制阴影，统一画面色调，还可以对某些主要对象的材质作深入的刻画，或者使用彩色铅笔对某些局部作细节的补充，直至效果图的完成。参见图183、图184。

●绘制小色稿是完成正稿的基础，可以起到事半功倍的效果。

图183-1 小色稿之一

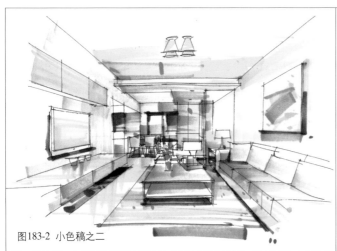

图183-2 小色稿之二

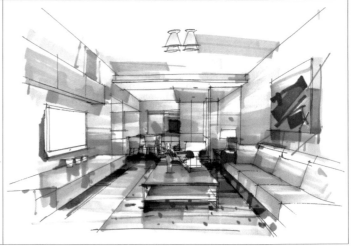

图183-3 小色稿之三

图183-4 小色稿之四

●按照满意的色稿绘制彩色效果图。

图184 家居空间设计

作者：黎泳

工具及材料：针管笔、马克笔、彩色铅笔、复印纸

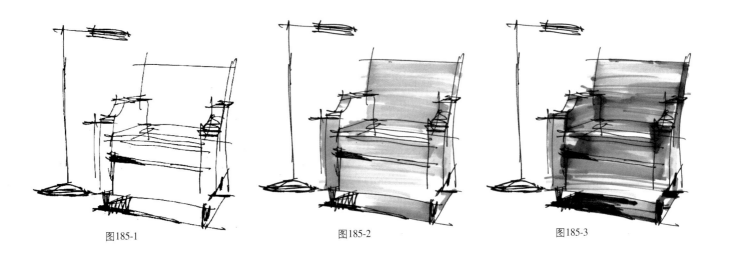

图185-1　　　　　　　　　　　图185-2　　　　　　　　　　　图185-3

二、手绘效果图的着色步骤

案例一：沙发效果图绘制步骤

图185-1　线稿通过左侧落地灯的合理配置，以达到平衡画面视觉效果的目的。

图185-2　根据光源的方向作沙发固有色的铺垫，绘制地面阴影。

图185-3　强化沙发的暗面及背光区域，对地面阴影作层次上的强调和补充。

图185-4　最后用白色水粉颜料根据光源方向表现沙发高光，完成效果图的绘制。

图185-4

案例二：床榻效果图绘制步骤

图186-1　画面中床榻的阴影与左侧的陈设枝条相呼应，使画面产生黑、白、灰的层次效果，增加画面的节奏感。

图186-1

图186-2

图186-3

图186-4

图186-5

图186-2　表现墙体的固有色，铺设坐垫和两侧台灯的固有色，绘制床榻支架、矮柜的木质色泽。根据光源方向绘制抱枕及圆枕，在画面中表现出光影的特有效果。

图186-3　选择相对较深的同类色塑造墙体的转折关系，进一步绘制坐垫、抱枕、圆枕的层次关系，表现床榻支架、茶几、矮柜的暗面及阴影，强化左侧花瓶的暗面及墙体上的阴影。

图186-4　强调地面阴影，强化光源方向。

图186-5　用白色水粉颜料和白色彩色铅笔绘制物体的高光，调整受光面，完成效果图的绘制。

案例三：**办公组合家具效果图绘制步骤**

图187-1　植物的密集化处理使其与陈设物品的暗面及阴影相呼应。

图187-2　绘制家具固有色中的最浅层次，表现环境的色彩气氛。

图187-3　绘制家具的暗面，表现地面阴影。

图187-4　强调书桌的光影效果，绘制转椅及家具的阴影。

图187-5　强化家具细节，强调各部分阴影层次，用白色水粉颜料刻画台面高光，完成效果图的绘制。

图187-1

图187-2

图187-3

图187-4

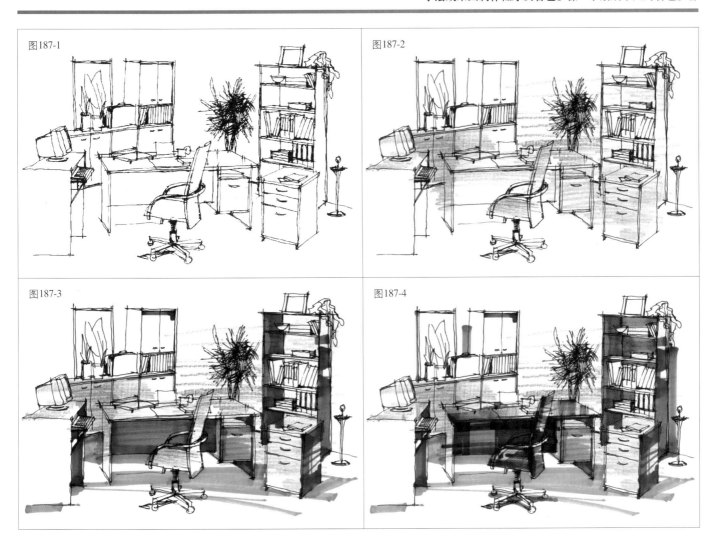

图187-5

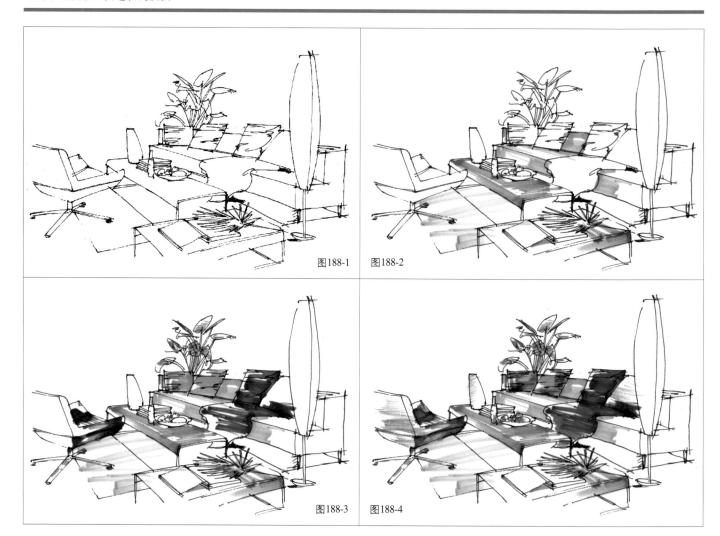

图188-1

图188-2

图188-3

图188-4

案例4：休闲组合沙发效果图绘制步骤

图188-1 注重疏密关系的把握，线条的密集化处理使画面产生灰调的视觉效果。

图188-2 绘制沙发、茶几和地毯固有色，在铺色时稍作光影上的层次变化。

图188-3 绘制抱枕及装饰布的固有色，选择性地表现转椅的层次，两处植物色彩稍作区别。

图188-4 增加转椅、抱枕及装饰布的层次效果，点缀茶几上的物品及水果。

图188-5 强调沙发、茶几的层次，使之更为丰富。强化地面阴影，用白色水粉颜料调整家具细节，完成效果图的绘制。

图188-5

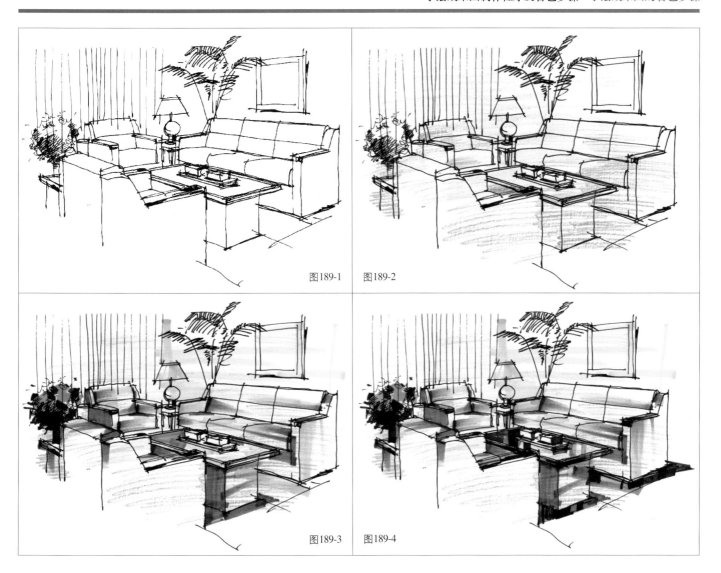

图189-1   图189-2

图189-3   图189-4

案例5：组合沙发效果图绘制步骤

图189-1 植物、花卉、台灯及茶几上的物品成为画面的活跃因素，点缀画面空间。

图189-2 表现组合家具的固有色和环境色。

图189-3 绘制墙面及沙发、茶几的环境色及光影层次，表现花卉植物的体积感。

图189-4 着重处理茶几台面层次、陈设物品及沙发扶手的细节，强调地面阴影。

图189-5 丰富沙发及画框的光影效果，强调陈设物品的暗面及阴影，使之成为整体。点缀植物与花卉，表示挂画的内容，以增加画面色彩的纯度，完成效果图的绘制。

图189-5

图190-1

图190-2

图190-3

案例六：卧室效果图绘制步骤

图190-1 以线稿的形式将卧室的空间结构形态表现出来，用密集的线条表现窗帘。推拉门形成画面灰调，与家具及陈设物品的暗面及阴影一起构成画面中的黑、白、灰关系。

图190-2 表现外部环境的色调，并一直延续到床榻和地面上，形成环境色。绘制床垫及墙面装饰软包的固有色，表现家具的木质色泽，绘制顶部结构和地面的光影。

图190-3 进一步增加床垫、圆枕及墙面装饰软包的色彩层次，并作为环境色彩将其延续到床头柜上，表现墙体及窗帘的光影效果。调整户外环境的色调并将之与室内的地面、台面、花盆、镜面等相呼应，表示吊顶的叠级关系。

图190-4 绘制枕头的暗面及阴影，进一步强化家具的光影层次，表现推拉门金属框架的色泽效果，强调玻璃门、梳妆台和地面的最深层次。

图190-5 强调家具的暗面，增加画面立体感，整合空间细节及顶部层次。用白色水粉颜料刻画高光，完成效果图的绘制。

图190-4

图190-5

图191-1

图191-2

图191-3

案例七：餐厅效果图绘制步骤

图191-1 桌椅、隔墙立柜、房门及圆形吊顶等构成要素围合出空间的中心，同时也成为效果图表现的重点。

图191-2 着色之前首先要确定画面色彩的基调，有针对性地表现主体空间的环境色彩，绘制墙面及顶面的光影变化。

图191-3 表现外部空间的环境色，并表示隔墙立柜和门扇装饰玻璃的质感，处理餐椅的色彩层次，绘制墙面和地面的光影，通过光与影的节奏变化塑造空间的进深感。

图191-4 绘制木质材料的固有色，局部可以用排线的方式表现木材的直纹肌理。表现餐台高反光材料的质感，进一步强调餐桌及隔墙立柜的细节。强化地面光影，点缀花卉色彩，使之成为画面的视觉中心。

图191-5 强化隔墙立柜层次及材料肌理，整合墙面的阴影使之成为一个有机的整体。强化空间的细部层次，表现桌、椅的金属质感。用白色水粉颜料刻画家具的高光，完成效果图的绘制。

图191-4

图191-5

图192-1

图192-2

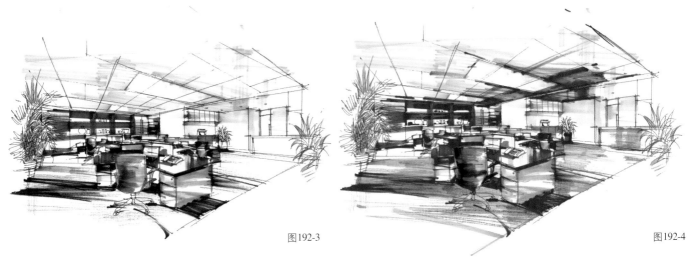

图192-3   图192-4

案例八：敞开式办公室效果图绘制步骤

图192-1 通过两侧植物对画面空间的构图进行调整，有利于效果图外缘轮廓的处理。

图192-2 绘制办公桌和书柜的固有色，表现地毯和墙面的光影层次。

图192-3 绘制办公家具、文件柜和格栅灯盘，强调家具的暗面及地面阴影。阴影的节奏性处理可以增强画面的空间感，对两侧植物的色相稍作区分。

图192-4 加强地毯固有色的表现力度及顶部空间的进深感，表示右侧矮柜的光影层次。

图192-5 调整地毯上的阴影，并沿其方向处理地毯之外区域的光影变化。表现右侧植物的重色层次，并在地面上绘制其阴影。绘制远处植物及玻璃等细节，整合家具的细部关系，用白色水粉颜料强调家具的形体，完成效果图的绘制。

图192-5

第四章 总结与习作欣赏

　　任何技巧性的工作，光凭理论的学习和探讨是不可能取得成功的。"书山有路，勤为径"，练习和思考是室内手绘效果图快速表现技法取得进步的唯一途径。快速表现技法的掌握不是一朝一夕就能取得的，需要深入的实践和量化的积累过程。画一张手绘效果图和画10张手绘效果图的认识是不一样的，而画够100张，那么不论是技法还是处理画面的能力都会产生质的飞跃。另外，一年完成100张和10年完成100张的意义也是不一样的，既有数量的积累，还要有训练的强度作保证，才能产生质的变化。

　　室内手绘效果图快速表现技法水平的提高是一个循序渐进的过程，不能急于求成，阶段性的训练很重要，对透视规律的熟练掌握，会给后边的形、光、色、质感、空间感的表现提供准确的依据，会产生"事半功倍"的效果。效果图快速表现技法要取得进步，除了量的积累和高强度训练之外，还需要拥有创新意识和把握灵感的悟性，做到在思考中表现，在表现中总结，才能逐渐做到得心应手。

图193 餐饮空间设计

作者：黎泳

工具及材料：针管笔 复印纸

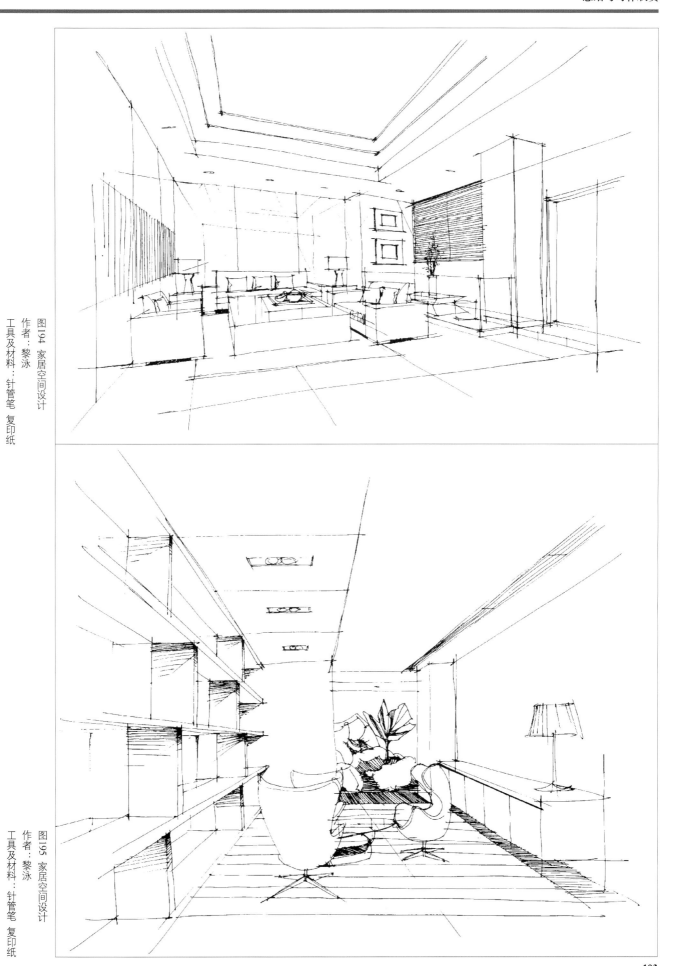

图194 家居空间设计
作者：黎泳
工具及材料：针管笔 复印纸

图195 家居空间设计
作者：黎泳
工具及材料：针管笔 复印纸

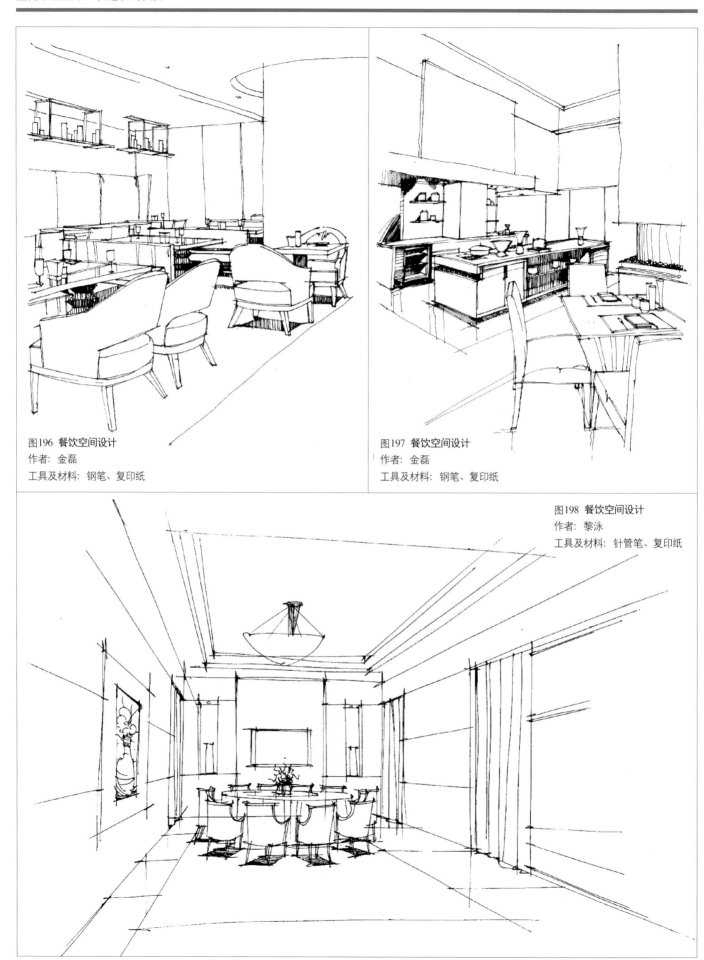

图196 餐饮空间设计
作者：金磊
工具及材料：钢笔、复印纸

图197 餐饮空间设计
作者：金磊
工具及材料：钢笔、复印纸

图198 餐饮空间设计
作者：黎泳
工具及材料：针管笔、复印纸

图199 家居空间设计
作者：黎泳
工具及材料：针管笔、复印纸

图200 家居空间设计
作者：黎泳
工具及材料：针管笔、复印纸

图201 家居空间设计
作者：黎泳
工具及材料：针管笔、复印纸

图202 餐饮空间设计
作者：黎泳
工具及材料：针管笔、复印纸

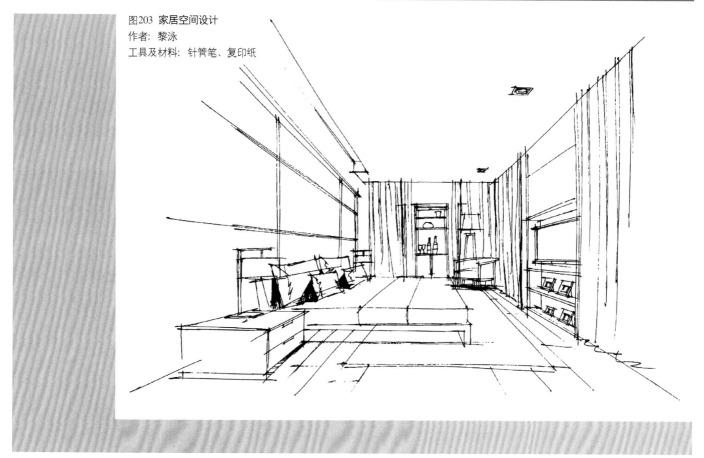

图203 家居空间设计
作者：黎泳
工具及材料：针管笔、复印纸

图204 餐饮空间设计
作者：金磊
工具及材料：钢笔、复印纸

图205 家居空间设计
作者：黎泳
工具及材料：针管笔、复印纸

图206 家居空间设计
作者：黎泳
工具及材料：针管笔、复印纸

图207 公共空间设计
作者: 黎泳
工具及材料: 针管笔、复印纸

图208 家居空间设计
作者: 黎泳
工具及材料: 针管笔、复印纸

图209 公共空间设计
作者：黎泳
工具及材料：针管笔、复印纸

图210 家居空间设计
作者：韦自力
工具及材料：针管笔、复印纸

图211 餐饮空间设计
作者： 金磊
工具及材料： 钢笔、马克笔、
　　　　　　彩色铅笔、复印纸

图212 餐饮空间设计
作者： 金磊
工具及材料： 钢笔、马克笔、彩色铅笔、复印纸

图213
名称：公共空间设计
作者：黎泳
工具及材料：针管笔、马克笔、彩色铅笔、复印纸

图214 家居空间设计
作者：黎泳
工具及材料：针管笔、马克笔、彩色铅笔、复印纸

图215 公共空间设计
作者：黎泳
工具及材料：针管笔、马克笔、彩色铅笔、复印纸

图216 餐饮空间设计
作者：黎泳
工具及材料：针管笔、马克笔、彩色铅笔、复印纸

图217 餐饮空间设计
作者：黎泳
工具及材料：针管笔、马克笔、彩色铅笔、复印纸

图218 公共空间设计
作者：韦自力、黎泳
工具及材料：针管笔、马克笔、彩色铅笔、复印纸

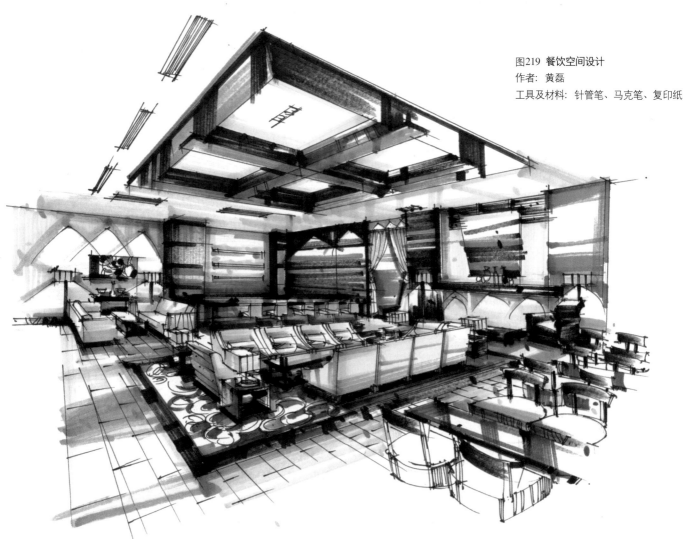

图219 餐饮空间设计
作者：黄磊
工具及材料：针管笔、马克笔、复印纸

图220 餐饮空间设计
作者：韦自力、黎泳
工具及材料：针管笔、马克笔、彩色铅笔、复印纸

图221 商业空间设计
作者：韦自力、黎泳
工具及材料：针管笔、马克笔、彩色铅笔、复印纸

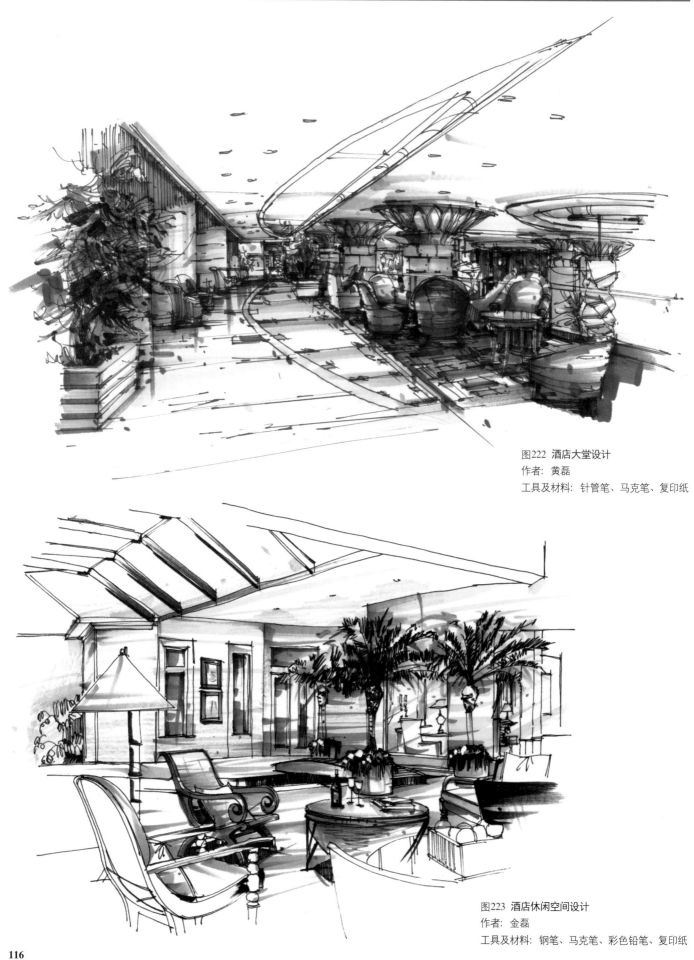

图222 酒店大堂设计
作者：黄磊
工具及材料：针管笔、马克笔、复印纸

图223 酒店休闲空间设计
作者：金磊
工具及材料：钢笔、马克笔、彩色铅笔、复印纸

图224 商务空间设计
作者: 黎泳
工具及材料: 针管笔、马克笔、复印纸

图225 家居空间设计
作者: 黎泳
工具及材料: 针管笔、马克笔、彩色铅笔、复印纸

图226 餐饮空间设计
作者: 黄磊
工具及材料: 针管笔、马克笔、复印纸

●画面以大面积暖色为主调，用蓝色和绿色等补色形成画面的视觉中心。地面材料质感和光影的表现较为熟练，顶面寥寥几笔暗示了空间的进深和层次感。蓝色水景墙面的处理成为画面的趣味焦点，很好地体现了酒店空间的休闲主题。

图227 酒店休闲空间设计
作者：黄磊
工具及材料：针管笔、马克笔、复印纸

●在画面空间的色彩处理上，以沉静的蓝灰色与热烈的红色形成鲜明的对比，并补之以灰色、白色进行画面色调的协调和统一，在丰富画面效果的同时，营造出适合商务洽谈的功能空间氛围。

图228 商务空间设计
作者：黄磊
工具及材料：针管笔、马克笔、复印纸

图229 酒店大堂设计
作者：黄磊
工具及材料：针管笔、马克笔、复印纸

图230 酒店大堂设计
作者：黄磊
工具及材料：针管笔、马克笔、复印纸

图231 家居空间设计
作者：韦自力
工具及材料：针管笔、马克笔、复印纸

图232 家居空间设计
作者：韦自力
工具及材料：针管笔、马克笔、复印纸

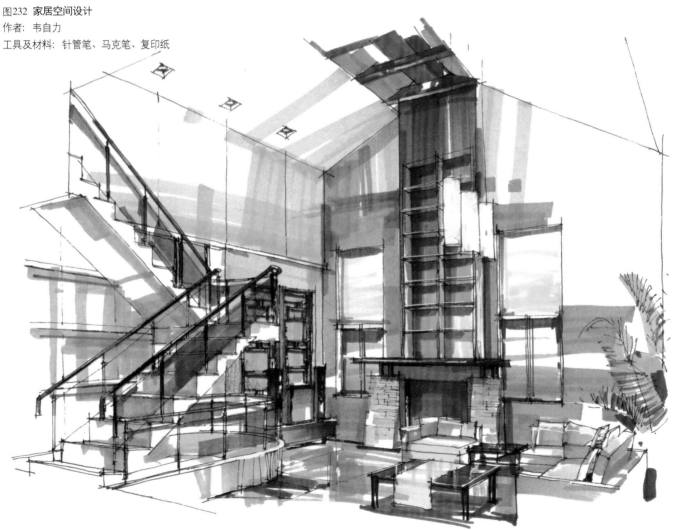

图233 餐饮空间设计
作者：金磊
工具及材料：钢笔、马克笔、彩色铅笔、复印纸

图234 餐饮空间设计
作者：金磊
工具及材料：钢笔、马克笔、彩色铅笔、复印纸

上左图235　家居空间设计
作者：金磊
工具及材料：钢笔、马克笔、
　　　　　　彩色铅笔、复印纸
上右图236　酒店套房设计
作者：金磊
工具及材料：钢笔、马克笔、
　　　　　　复印纸

图237　家居空间设计
作者：韦自力
工具及材料：针管笔、马克笔、
　　　　　　彩色铅笔、复印纸

图238　餐饮空间设计
作者：金磊
工具及材料：钢笔、马克笔、
　　　　　　彩色铅笔、复印纸

图239 家居空间设计
作者：黎泳
工具及材料：针管笔、马克笔、彩色铅笔、复印纸

图240 餐饮空间设计
作者：韦自力
工具及材料：针管笔、马克笔、复印纸